Carnet d'entretien

Port d'attache: ______________________________

Date initiale: ______________________

Date de complétion: ______________________

Carnet d'entretien

Installation moteur unique

En complément des livres Marine Diesel Basics

Créé et illustré par Dennison Berwick

Traduit par Tom Blancart

1e Édition 2022

Disponible sous les formats suivants :

Broché	Carnet d'entretien – moteurs unique	ISBN 978-1-990755-10-1
	Carnet d'entretien – moteur jumelés	ISBN 978-1-990755-13-2
Relié	Carnet d'entretien – moteurs unique	ISBN 978-1-990755-11-8
	Carnet d'entretien – moteur jumelés	ISBN 978-1-990755-14-9
Reliure spirale	Carnet d'entretien – moteurs unique	ISBN 978-1-990755-12-5
	Carnet d'entretien – moteur jumelés	ISBN 978-1-990755-15-6

Carnet d'entretien digital (PDF) Disponible pour Ipad et tablettes – cliquez et modifiez.
Télécharger à partir de www.marinedieselbasics.com (anglais uniquement)

Remerciements

Merci à tous ceux qui m'ont aidé à concevoir, créer et vérifier le contenu de ce Carnet d'entretien, notament Arie Agniyadis, Mark Bryant, Estelle Evans, Peter Jarrett, Annette Maclean, Denbigh Patton, Simone Pertuiset, Jiri Skopek, Michele Pippen et Andy Robinson. Remerciements particuliers à Tom Blancart pour sa traduction soignée. Bien entendu, toute erreur ou omission n'appartient qu'à moi.
Et merci au Commodore Ed Hill et aux membres et au personnel du Tanga Yacht Club, Tanzanie, pour leur accueil et leur hospitalité.

Dennison Berwick

Voyage Press
7B Pleasant Boulevard, Unit #1045
Toronto, Ontario
Canada M4T 1K2

www.marinedieselbasics.com

Table des matières

Liste des Illustrations .... **vi**
Pourquoi un carnet d'entretien .... **vii**
Bienvenu dans votre carnet d'entretien .... **vii**
Informations sur le bateau **8**
Inventaire du système diesel **9**
Emplacement de toutes les vannes d'eau de mer 9
Réservoirs de fuel 11
Filtres à fuel 12
Pompes à fuel – pompes de relevage et d'injection 12
API/SAE « donut » 13
Additifs pour huile moteur 13
Lubrification moteur 14
Système de refroidissement 15
Admission et échappement d'air 16
Système électrique – batteries 17
Système électrique – alternateurs 18
Anodes – tout le bateau 19
Inverseur/ transmission 20
Arbre d'hélice et presse étoupe 21
Hélice 22
Saildrive **24**
Autres moteurs – générateur, hors-bord, etc. **25**
Liste des pièces de rechange - Matériel d'entretien moteur **26**
Liste des pièces de rechange – Pieces moteur **26**
Manuels **27**
Autres équipements **28**
Tâches et calendrier d'entretien **30**
Tous les Jours ou avant chaque utilisation le moteur 30
Tâches mensuelles 31
Tâches 3 mois 31
Tâches de 6 mois 32
Tâches saisonnières 32
Tâches annuelles 33
Tâches de 1 à 2 ans 34
Saildrives – Tâches et calendrier d'entretien **35**
Notes d'entretien **36**
Liste des inspections **38**
Inspection de la nable de fuel 38
Diagnostic à la jauge - huile moteur 39
Diagnostic à la jauge - liquide de transmission automatique 40
Inspection des durites et colliers de serrage 41
Position correcte pour le contrôle du niveau d'huile d'inverseur 41
Inspection du câblage et des cosses 42
Inspection d'une turbine en caoutchouc 43
Inspection de la pompe à eau de mer 43
Protection contre les frottements à l'aide de vieux tuyaux 44
Inspection du liquide de refroidissement 44
Inspection des anodes 44
Inspection des courroies 45
Inspection de la tension de la courroie 46
Inspection des poulies 47

Inspection de l'accouplement d'arbre 48
Inspection de tension de courroie 49
Inspection de l'arbre d'hélice 49
Inspection des joint d'arbre d'hélice 50
Inspecter la durite d'un presse étoupe traditionnel 50
Inspection de la bague hydrolube 51
Inspection de la chaise d'arbre 52
Inspection de l'hélice 52
Saildrive - Inspection de la bague d'étanchéité en caoutchouc intérieure 53
Saildrive - Joint étanche (anneau d'étanchéité en caoutchouc intérieur) 53

Entrées du carnet d'entretien 54
Résumés 154
Journal de carburant diesel 155
Vidanges huile moteur 162
Vidanges de liquide de transmission* 166
Changements des filtre à fuel primaires 168
Changements des filtre à fuel secondaires 170
Inspection et changement de turbine de pompe à eau de mer 172
Vidange et appoints de liquide de refroidissement 174
Bateau – Inspections et changements de toutes les anodes 176
Vidanges de saildrive 178
Saildrives – Inspections et changements des joints en caoutchouc 180
Autre équipement 182
Résumés – commentaires 184
Mesures et conversions 186
Superficie – métrique et impérial 187
Diesel – volumes et poids 188
Électricité – courant continu 189
Électricité – Loi de James Watt 189
Électricité – Loi de Georg Ohm 189
Longueur/Distance – métrique, impériale et nautique 190
Puissance – chevaux-vapeur et kilowatts 192
Pression – métrique et impériale 193
Vitesse – métrique, impériale et nautique 194
Température – C et F 195
Couple – métrique et impérial 196
Volume – métrique et impérial 197
Poids – métrique et impérial 198
Tailles des trous de taraudage 199
et de perçage en millimètres et en pouces 199
Équivalents métriques, fractionnaires et décimaux communs en pouces 200
Fractions communes, et équivalent en pouces décimaux 201
Résistance à la traction des boulons en acier renforcé 201
Index 206
Série sur les Marine Diesel Basics 208

Liste des Illustrations

Pré-filtrer le carburant en utilisant un entonnoir filtrant ... vii
Les filtres à eau à ouverture par ... vii
Taille en micron : Á quel point petit est petit ? ... 9
Emplacement des vannes de carburant ... 11
4 conceptions de filtres primaires ... 12
API/SAE « donut » ... 13
Couvrir le trou centrale ... 14
Graisser les câbles de commande de moteur ... 14
Pinoche en bois pour chaque passe coque ... 14
Échangeur de l'huile ... 14
Tension de la courroie – trop lâche, trop serrée ... 18
Types d'anodes ... 19
3 Types d'hélices ... 23
Un anti-siphon bouché peut permettre à l'eau de mer de remplir le moteur ... 31
Nettoyez l'anti-siphon régulièrement ... 31
Regarder dans les extrémités de l'échangeur pour des débris de turbine ... 32
Inspection de la nable de fuel ... 38
Diagnostic à la jauge – huile moteur ... 39
Diagnostic à la jauge – liquide de transmission automatique ... 40
Inspection des durites et colliers de serrage ... 41
Position correcte pour le contrôle du niveau d'huile d'inverseur ... 41
Inspection du câblage et des cosses ... 42
Inspection d'une turbine en caoutchouc ... 43
Inspection de la pompe à eau de mer ... 43
Protection contre les frottements à l'aide de vieux tuyaux ... 44
Inspection du liquide de refroidissement ... 44
Inspections des anodes ... 44
Inspection des courroies ... 45
Inspection de la tension de la courroie ... 46
Inspection des poulies ... 47
Inspection de l'accouplement d'arbre ... 48
Inspection de tension de courroie ... 49
Inspection de l'arbre d'hélice ... 49
Inspection des joint d'arbre d'hélice ... 50
Inspecter la durite d'un presse étoupe traditionnel ... 50
Inspection de la bague hydrolube ... 51
Inspection de la chaise d'arbre ... 52
Inspection de l'hélice ... 52
Saildrive – Inspection de la bague d'étanchéité en caoutchouc intérieure ... 53
Saildrive – Joint étanche (anneau d'étanchéité en caoutchouc intérieur) ... 53
Vérifier le niveau d'électrolyte de la batterie à cellule humide ... 154
Inspection d'une hélice repliable ... 154
Retirez l'ancien joint lors de l'installation du nouveau filtre ... 154
Test du liquide de refroidissement/antigel avec un hydromètre ... 186
Micromètre ... 190
Exemples de têtes de boulons ... 200
Exemple de têtes de vis ... 200

Bienvenu dans votre carnet d'entretien

Ce carnet d'entretien est conçu pour vous aider à entretenir facilement l'intégralité de votre système diesel marin :

Illustrations – plus de 40 Illustrations des inspections courantes et des composants importants. Voir la liste complète à la page vi.

Inventaire – un lieu unique pour conservez les numéros de pièces et de modèles afin de faciliter l'entretien (par exemple, numéros de filtre a carburant, dates d'installation de la batterie, taille et rotation de l'hélice, etc).

Calendrier d'entretien – listes de contrôle des tâches de maintenance courantes, par jour, semaine, mois, etc. Cochez au fur et à mesure de complétion du contrôle et inscrivez les prochaines dates de service.

Inspections – des illustrations claires pour montrer ce qu'il faut rechercher lors des inspections - courroies, turbines, jauges, hélice, etc. Voir la liste complète à la page 38.

Journal de bord – conservez un historique complet de tous les travaux effectués sur toutes les parties du système - quoi, qui et quand.

Résumés – assurez-vous que les tâches importantes ne soient pas omises par inadvertance. Pages de résumé pour des tâches spécifiques, par ex. les vidanges d'huile, les changements de turbine, etc. À quelle fréquence les anodes sont-elles remplacées ? La fréquence a-t-elle changé ?

Mesures et conversions – formules et tableaux faciles à utiliser pour 14 mesures importantes : tailles équivalentes métriques et impériale, trous de perçage et tailles de tarauds.

Index – index complet de tous les sujets de ce carnet d'entretien.

Pourquoi un carnet d'entretien

Tenir un carnet d'entretien est l'un des moyens les plus simples et les plus importants d'assurer le bon fonctionnement et la longévité de tous les équipements mécaniques d'un bateau. Plus il sera complet et détaillée, plus un carnet d'entretien devient utile au fil du temps. Votre carnet d'entretien rempli ces fonctions importantes:

1 - historique de ce qui a été fait, quand et par qui. L'entretien de routine régulier - tel que changements d'huile et de filtre – est la base d'un système diesel marin fiable :
- un diagnostic commence souvent par un retour en arrière jusqu'au travail le plus récent qui a été effectué et de vérifier si quelque chose a été oublié

2 - marques, modèles et numéros de série – conservez toutes les informations en un seul endroit organisé et facilement accessible
- la commande correcte des pièces de rechange, etc. dépend de la précision des numéros de modèle et de série

3- observation précoce des problèmes potentiels – de nombreux problèmes se développent lentement et sont souvent simple à corriger si pris tôt:
- les notes détaillées sont une aide pratique pour le diagnostic étape par étape

4- Historique des performances du moteur et du système – la simple prise de notes améliore la vue d'ensemble de tous les aspects du système diesel marin :
- savoir ce qui est « normal » aide à détecter rapidement les problèmes potentiels

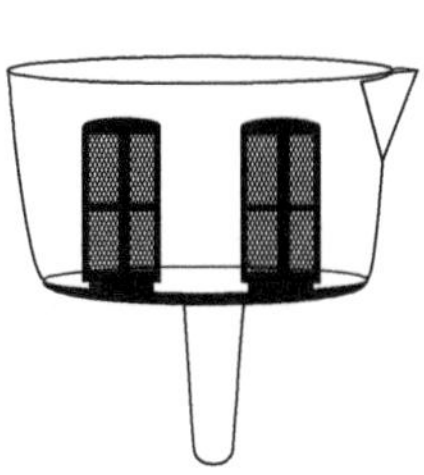

Utilisez un entonnoir à filtre pour pré-filtrer et aider à garder l'eau et les sédiments hors du réservoir.

Une crépine à ouverture par le haut permet de nettoyer le panier plus facilement. Si le joint torique fuit, de l'air sera aspiré dans la pompe à eau de mer

Informations sur le bateau

Marque et modèle du navire : ______________________________

______________________________ Année de construction : __________

Longueur hors-tout : __________ Numéro de coque : __________

Tirant d'eau : __________ Tirant d'air : __________ Largeur hors membres : __________

Numéro de licence/d'enregistrement : __________ Date de renouvellement : __________

Emplacement : ______________________________ papier ☐ pdf ☐

MMSI : __________ Indicatif radio : __________

Compagnie d'assurance : ______________________________

Adresse : ______________________________

Numéro de téléphone : ______________________________

E-mail : ______________________________

Numéro de contrat : __________ Date de renouvellement : __________

Emplacement : ______________________________ papier ☐ pdf ☐

Commentaires : ______________________________

Coordonnées – Chantiers navals, marinas et ateliers de mécanique

Nom/adresse : ______________________________

Numéros de téléphones : ______________________________

E-mail : ______________________________

Nom/adresse : ______________________________

Numéros de téléphones : ______________________________

E-mail : ______________________________

Nom/adresse : ______________________________

Numéros de téléphones : ______________________________

E-mail : ______________________________

Inventaire du système diesel

Marque et modèle : ________________________________ Année : __________

Numéro de série : ______________ Puissance (CV kW) : ________ Nombres de cylindres : ____

Nb d'heures : __________ Date : __________ Nb d'heures : __________ Date : ________

Sens de rotation : ______________________ Date de révision/reconstruction : ________

Supports moteur   Marque et taille du modèle : ______________ Date d'installation :__________

Manuels du moteur   manuel service ☐   manuel atelier ☐   liste pièces ☐   papier ☐   pdf ☐

Voir la liste complète des manuels en p27

Emplacement de toutes les vannes d'eau de mer – refroidissement moteur, cuisine, toilettes, etc.

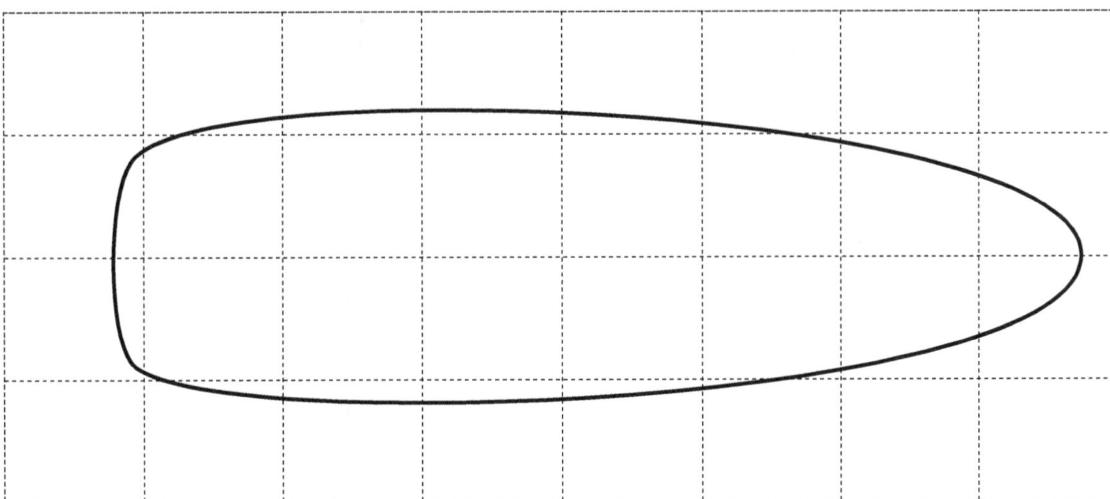

Taille en micron : Á quel point petit est petit ?

La saleté dans le filtre à carburant primaire peut être trop petite pour être vue

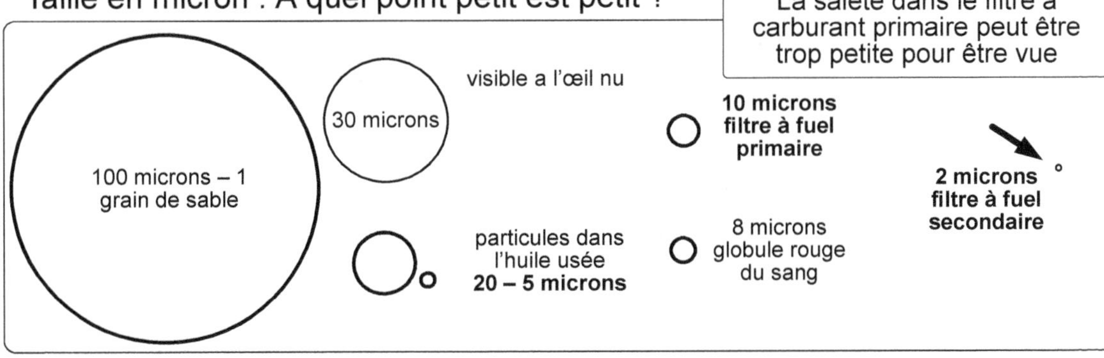

Emplacements :

- Réservoirs de fuel
- Nables à fuel
- Évents de réservoir de fuel
- Tuyaux de fuel
- Vannes d'arrêt
- Câblage de la jauge de fuel

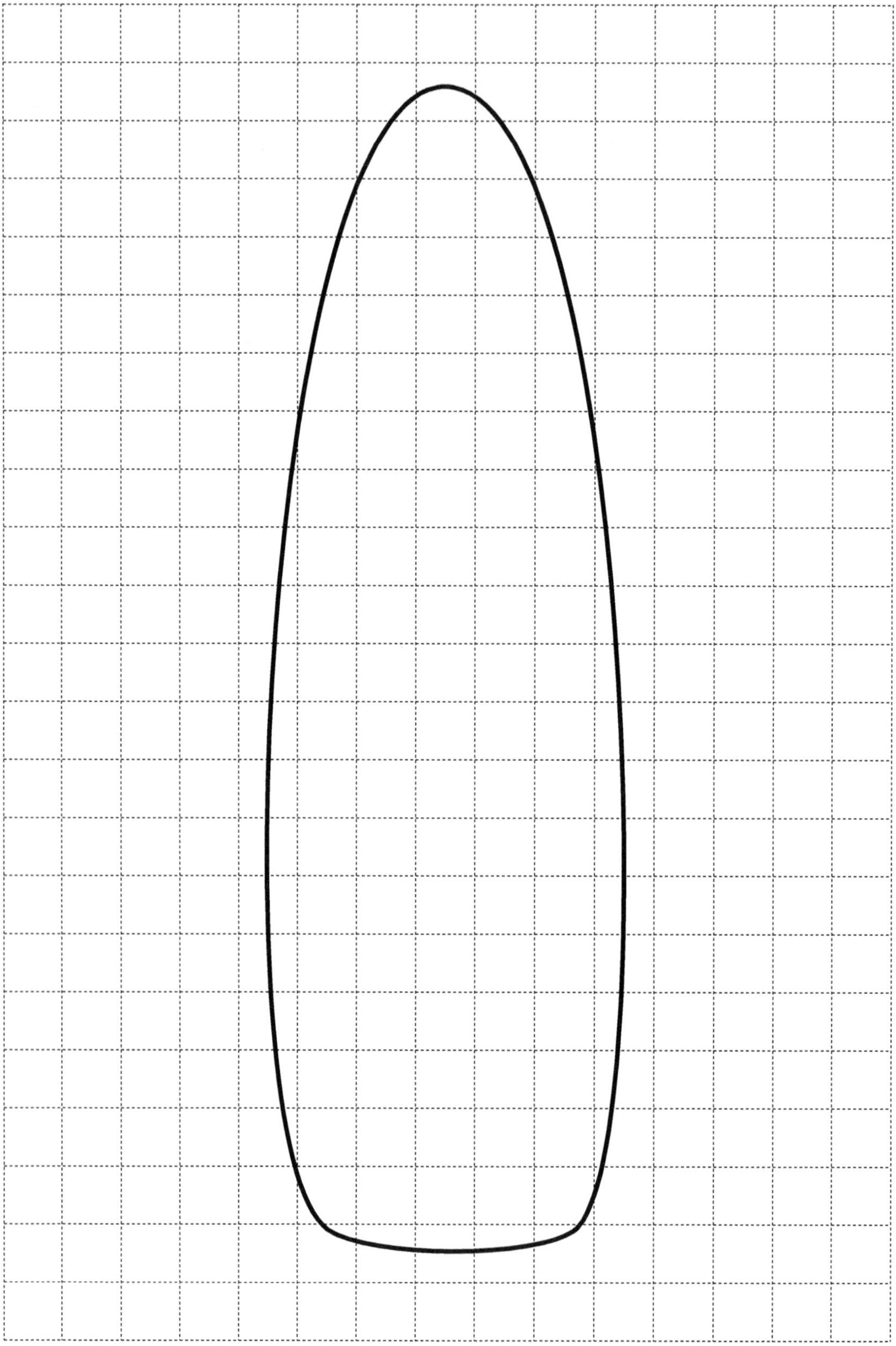

Réservoirs de fuel

Nombre de réservoirs : ______________________ Capacité totale : ____________ Litres

Réservoir de fuel Nº 1 ______________________ Capacité : ____________ Litres

Matériaux de construction : ______________________ Année de construction : __________

Réparations : ______________________

Diamètre et année d'installation des tuyaux à fuel : Tuyaux à fuel : __________ mm D'alimentation : __________ mm

Évent : __________ mm Retour : __________ mm

Emplacement des vannes de carburant

Inventaire

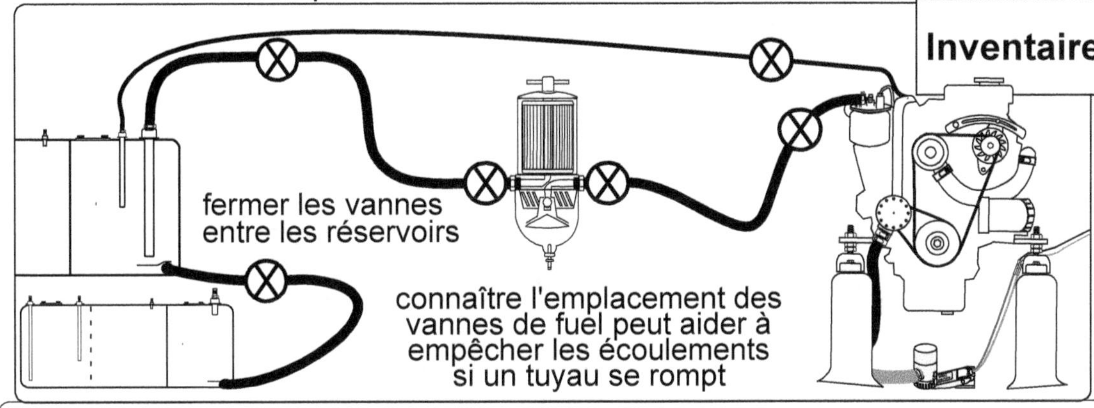

Réservoir de fuel Nº 2 ______________________ Capacité : ____________ Litres

Matériaux de construction : ______________________ Année de construction : __________

Réparations : ______________________

Diamètre et année d'installation des tuyaux à fuel : Tuyaux à fuel : __________ mm D'alimentation : __________ mm

Évent : __________ mm Retour : __________ mm

Réservoir de fuel Nº 3 ______________________ Capacité : ____________ Litres

Matériaux de construction : ______________________ Année de construction : __________

Réparations : ______________________

Diamètre et année d'installation des tuyaux à fuel : Tuyaux à fuel : __________ mm D'alimentation : __________ mm

Évent : __________ mm Retour : __________ mm

Filtres à fuel

Filtre séparateur **primaire** – marque et modèle : ______________________

Nº d'éléments de filtre : ______________________ Taille particules : (micron) __________

____

5 conceptions de filtres primaires dit « séparateurs » - destinés à séparer l'eau et la saleté du fuel

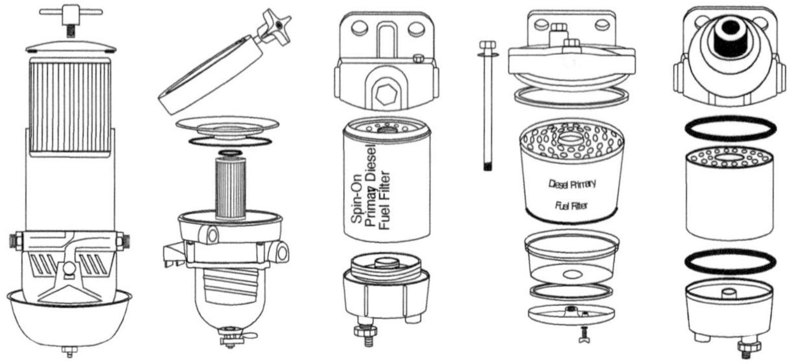

Filtre séparateur **secondaire** – marque et modèle : ______________________

Nº d'éléments de filtre : ______________________ Taille particules : (micron) __________

____

Pompes à fuel – pompes de relevage et d'injection

Pompes de relevage : mécanique ☐ électrique ☐ pompe auxiliaires non installées ☐ installées ☐

Numéro de modèle : ______________________

Pompe d'injection marque et modèle : ______________________

Type de pompe d'injection

mécanique – en ligne ☐ électronique – rail commun ☐

mécanique – distributeur ☐ électronique – distributeur rotatif ☐

Manuel de pompe d'injection : non ☐ oui ☐ Lieu de rangement : ______________________

Commentaires : ______________________

API/SAE « donut »

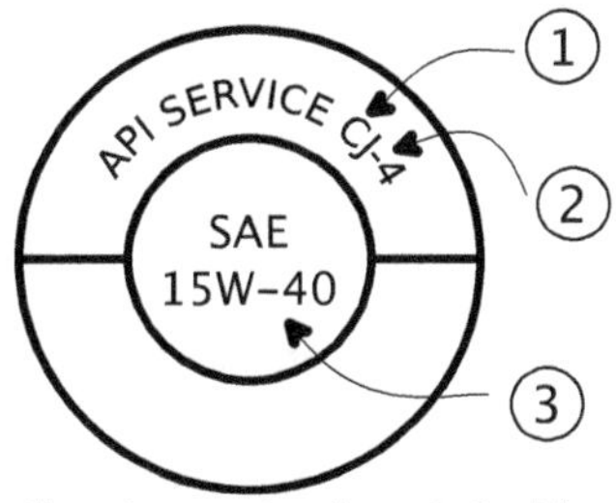

Le « donut » API/SAE sur les bidons d'huile moteur fournit trois éléments d'information clés sur les spécifications de l'huile :

1) C – compression/diesel *ou* S – étincelle/essence
2) Catégorie de service J – dernière norme pour les modèles plus récents
3) viscosité – multigrade ou monograde (ex. SAE30)

Un débit d'huile adéquat à toutes les températures nécessite une huile ni trop épaisse à froid ni trop fluide à la température normale de fonctionnement du moteur. Un nombre bas indique une viscosité plus basse, l'huile est plus épaisse. Les huiles multigrades (c'est-à-dire les huiles mélangées) cherchent à fournir des performances optimales dans un large gamme de températures ambiantes et sont importantes pour le démarrage du moteur par temps froid. Les huiles monogrades offrent un service optimal dans un gamme de températures restreinte.

Les huiles multigrades ont deux chiffres séparés par la lettre "W" pour l'hiver (« winter » en anglais) ou le démarrage à froid (par ex. 10W30 ou "10-30").

Un 10W30 a la même viscosité à froid qu'une huile SAE10 pure et la même viscosité à chaud qu'une huile SAE30.

Additifs pour huile moteur

Les additifs représentent 15 à 25 % de l'huile de moteur diesel et sont les ingrédients spéciaux qui améliorent les performances du moteur et en réduise l'usure. Les additifs se détériorent avec le temps, il est donc essentiel de changer l'huile au moins aussi souvent que spécifié par le fabricant, ainsi que si le moteur a surchauffé ou si une huile de qualité inférieure a été utilisée (si il n'y avait rien d'autre de disponible, par exemple). Neuf types d'additifs sont utilisé; chacun a un travail spécifique à faire :

1. dispersants – aident à maintenir les contaminants (par exemple, le carbone, les particules métalliques) en suspension dans l'huile jusqu'à ce qu'ils soient éliminés par le filtre à huile qui aide à prévenir la formation de boues de carbone.

2. détergents – aident à empêcher la formation de dépôts de carbone sur les surfaces à haute température, tels que les roulements et les pistons.

3. anti-usure – lubrification cruciale pour empêcher l'usure des surfaces en contact métal sur métal ; Cet additif est sacrificiel et s'use avec le temps.

4. réducteurs/modificateurs de friction – modifient les qualités de friction d'une huile en réduisant l'usure et réduisant ainsi la consommation de carburant.

5. inhibiteur d'oxydation/antioxydant – ralentit les effets de l'exposition à l'oxygène à hautes températures; l'oxydation dans l'huile vieillie contribue à la formation de boues et à l'épaississement de l'huile.

6. anti-mousse – réduit la formation de bulles d'air lors de la circulation de l'huile ; les bulles d'air peuvent contenir des gaz de combustion qui provoquent des trous dans les surfaces métalliques. La présence d'air cause une absence de lubrification.

7. inhibiteur de corrosion/rouille – recouvre les surfaces pour prévenir la rouille et neutraliser les acides, tels que l'acide sulfurique formé à partir de la vapeur d'eau dans l'air et du soufre dans le carburant.

8. améliorant d'indice de viscosité – modifie la fluidification de l'huile à haute température, ce qui permet d'améliorer les performances à basse température.

9. dépresseur de point d'écoulement – utilisé dans l'huile multigrade pour améliorer la capacité de s'écouler à faible températures, ce qui facilite le démarrage à froid dans les climats froids.

Lubrification moteur

Capacité en huile moteur : ______________________ Litres

Marque et grade de viscosité de l'huile moteur : ______________________

Numéro de filtre à huile : ______________________

Numéro de filtre à huile alternatif : ______________________

Refroidisseur d'huile : non ▢ oui ▢ Filtre d'évent de carter : non ▢ oui ▢

Commentaires : ______________________

____

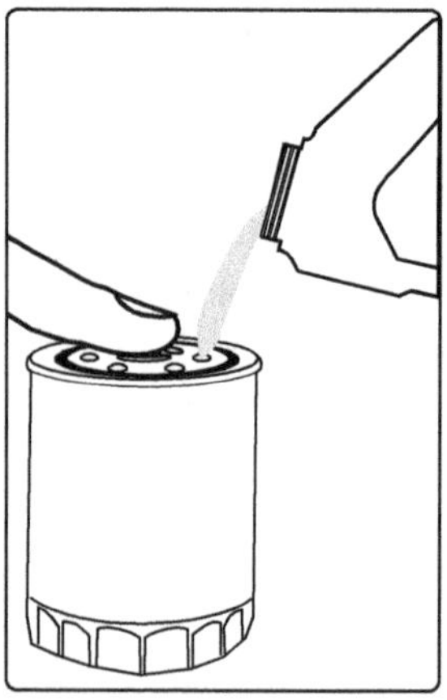

Couvrir le trou central en cas de pré-remplissage du filtre

Graisser **les deux** extrémités de toutes les commandes câbles aide à prévenir la rouille et la corrosion :

- contrôle de l'accélérateur
- contrôle de transmission (câble d'inverseur)
- câble d'arrêt (si pas de solénoïde électrique)

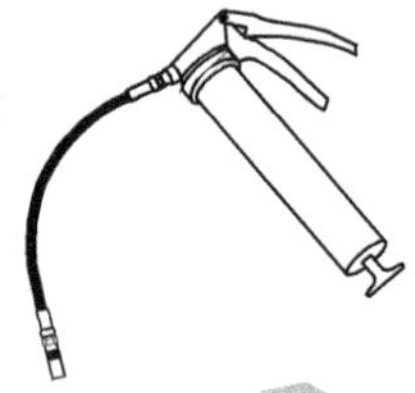

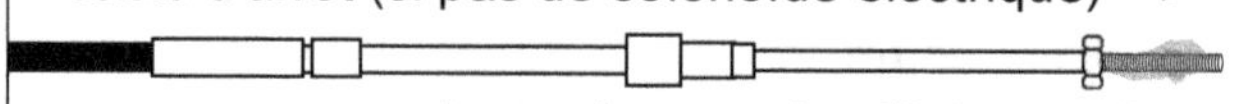

Le graissage des filetages des supports moteur aide à prévenir le grippage
qui peut rendre l'alignement du moteur extrêmement difficile

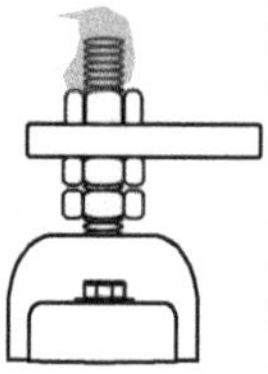

Graisser les câbles de commande de moteur

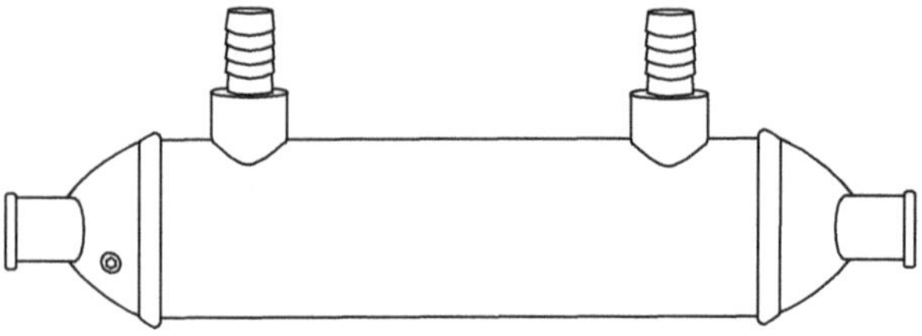

Un échangeur est généralement installé pour refroidir l'huile sur les gros moteurs. Vérifiez si une anode est installée.

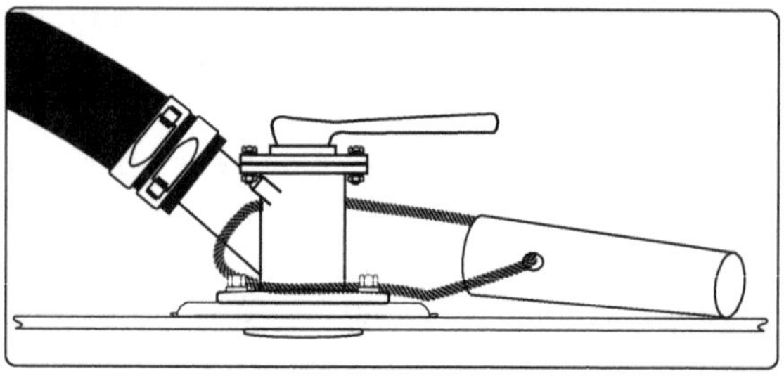

Attachez une pinoche en bois à chaque passe-coque au cas ou le tuyau ou la vanne se briseraient

Système de refroidissement

Type de refroidissement : eau de mer ▢ indirect ▢ direct ▢ refroidissement par **quille** : ▢ refroidissement par **air** : ▢

Type de vanne d'eau de mer : ______________________ Date d'installation : __________

Marque et modèle du filtre à eau : ______________________ Date d'installation : __________

Durites d'eau de mer : ______________________ Date d'installation : __________

Marque et modèle de pompe à eau de mer : ______________________

Type de pompe : mécanique ▢ courroie ▢ numéro de courroie : __________

Marque et modèle de turbine d'eau de mer : ______________________

Inventaire

Marque et modèle alternatif : ______________________

Marque et modèle d'échangeur : ______________________

Marque et modèle d'anti siphon : ______________________

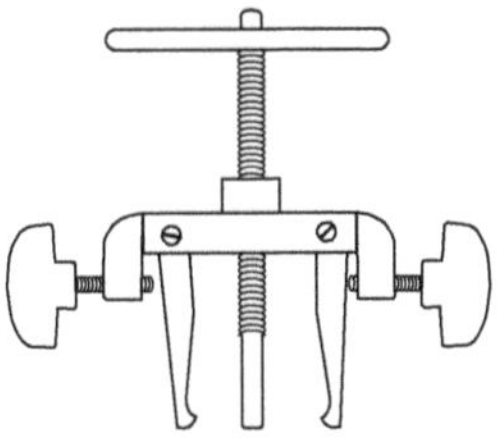

extracteur de turbine

la plupart des turbines peuvent être retirées avec une traction lente, régulière et uniforme, à l'aide de n'importe quel outil qui n'endommage pas les pales.

Capacité de liquide de refroidissement : ______________ Litres Date du dernier changement : __________

Marque du liquide de refroidissement : ______________________

Commentaires : ______________________

____

____

____

Admission et échappement d'air

Admission

Filtre a air : non ☐ oui ☐ type : ____________________

Ventilateur à l'entrée : non ☐ oui ☐ modèle : ____________________

Ventilateur à la sortie : non ☐ oui ☐ modèle : ____________________

Turbocompresseur : non ☐ oui ☐ marque et modèle : ____________________

Refroidisseur d'admission : non ☐ oui ☐ marque et modèle : ____________________

Commentaires : ____________________

____

____

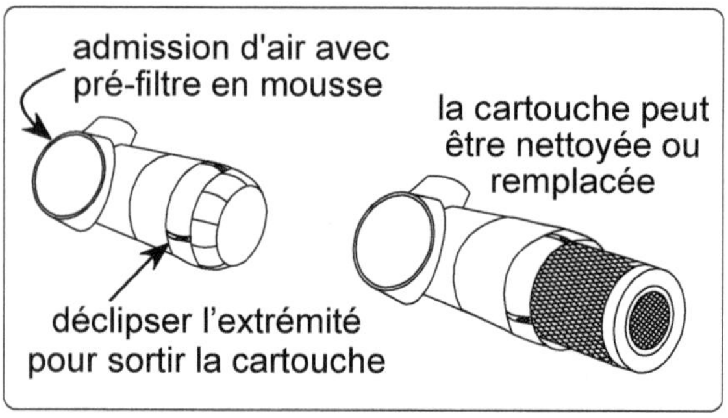

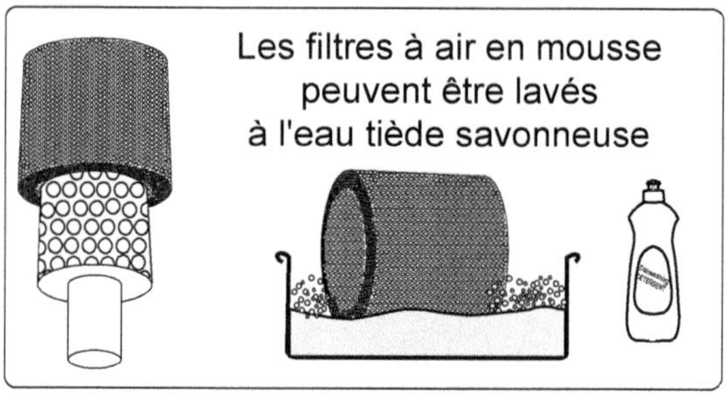

Certaines cartouches de filtre à air peuvent être nettoyées avec une brosse

Échappement

Type de système : échappement sec ☐ échappement humide ☐ ____________________

Colonne montante de gaz d'échappement – matériau de construction : fonte d'acier ☐ inox ☐ autre ☐

Date d'installation/ dernière réparation : ____________________

Durite d'échappement diamètre (int. et ext.) __________ Date d'installation : __________

« waterlock » marque et modèle : ____________________ Vis de purge : non ☐ oui ☐

Commentaires : ____________________

____

____

Système électrique – batteries

Panneaux solaires Nb de watts : ___________ Éolienne ampérage nominal : ___________

nombre de batteries (y compris domestiques) ________ Alternateurs sortie nominale : __________amps / kW

Ampérage total avec batteries domestiques en parallèle à la batterie de démarrage : ___________

Batterie de démarrage **moteur**

nombre de bancs de batteries : Voltage 6v ☐ 12v ☐ 24v ☐ voltage de fonctionnement : ________

Type de batterie : plomb/acide ☐ ouverte ☐ scellée ☐ gel ☐ AGM ☐ lithium ☐

CCA* ______________ MCA* ______________ Amp/H ______________

Inventaire

Marque et modèle : ______________________________

Taille du groupe : ______________________________

Date d'installation : ______________________________

*CCA – Cold Cranking Amps
= Ampérage de démarrage à froid

voir page 189

*MCA – Marine Cranking Amps
= Ampérage de démarrage marin

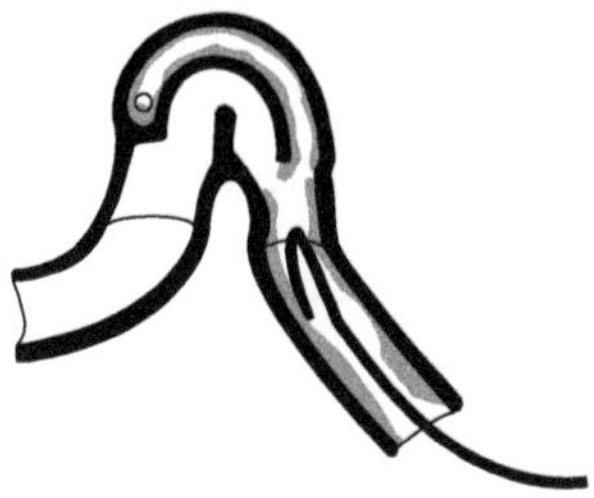

Nettoyer les accumulations calcaires et la rouille de la colonne échappement avec du fil de fer rigide

une vis de purge est très utile sur les système « waterlock »

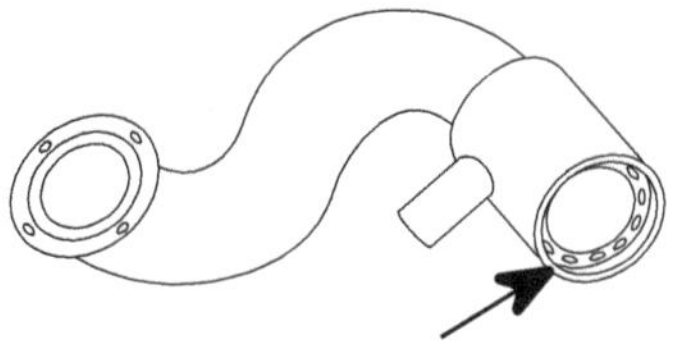

les petits conduits d'eau se bouchent facilement avec débris de pales cassées de turbine

Autres bancs de batteries

Nombre de bancs de batteries : Voltage 6v ☐ 12v ☐ 24v ☐ Voltage de fonctionnement : ________

Type de batterie : plomb/acide ☐ ouverte ☐ scellée ☐ gel ☐ AGM ☐ lithium ☐

CCA* ______________ MCA* ______________ Amp/H ______________

Marque et modèle : ______________________________

Taille du groupe : ______________ Date d'installation : ______________

Commentaires : ______________________________

Système électrique – alternateurs

Nombre total d'alternateurs : ______________ Sortie nominale totale : __________

Alternateur Nº 1

marque et modèle : ______________________________

Sortie nominale : ______ Date d'installation : ______ Type de courroie: courroie en V ☐ serpentine ☐

Longueur externe de la courroie : ______ Largeur supérieure : ______ Profondeur : __________mm

Numéro de la courroie : ______________________________

Régulateur de charge : interne ☐ externe ☐ intelligent ☐

Marque et modèle : ______________________________

Date d'installation : ______________________________

Commentaires : ______________________________

____

____

Alternateur Nº 2

marque et modèle : ______________________________

Sortie nominale : ______ Date d'installation : ______ Type de courroie: courroie en V ☐ serpentine ☐

Longueur externe de la courroie : ______ Largeur supérieure : ______ Profondeur : __________mm

Numéro de la courroie : ______________________________

Régulateur de charge : interne ☐ externe ☐ intelligent ☐

Marque et modèle : ______________________________

Date d'installation : ______________________________

Commentaires : ______________________________

____

____

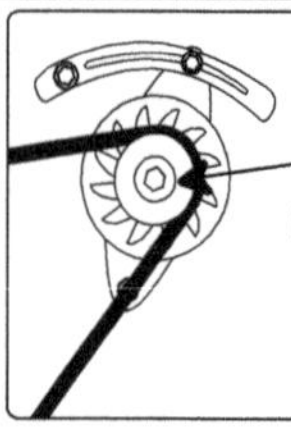

trop de tension déforme et endommage les roulements d'alternateur

et peuvent en changer l'alignement

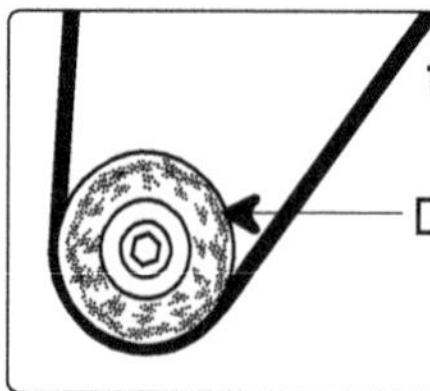

trop peu de tension va user rapidement la courroie.

De la poussière noire est un signe de manque de tension ou de désalignement des poulies.

Anodes – tout le bateau

Anode(s) - moteur non ☐ oui ☐ Type : zinc ☐ aluminium ☐ magnésium ☐

Taille : ________________ Emplacement sur le moteur : ______________________________

____

Anode d'hélice non ☐ oui ☐ Type : zinc ☐ aluminium ☐ magnésium ☐

Taille : ________________ Emplacement sur le moteur : ______________________________

____

Voir aussi *Saildrives* p24

ne pas mélanger les types d'anodes sur un bateau

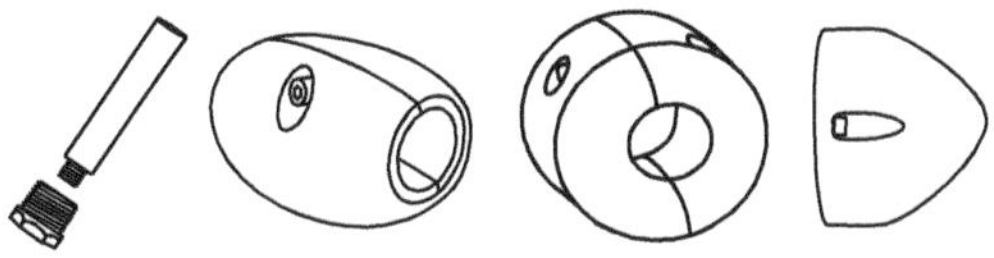

Types d'anodes
zinc – eau de mer
magnésium – eau douce
aluminium – eau saumâtre, eau douce ou eau de mer

Anodes de coque non ☐ oui ☐ Type : zinc ☐ aluminium ☐ magnésium ☐

Taille : ________________ Emplacement sur le moteur : ______________________________

____

Nombre d'anodes installées __________ emplacement - moteur, arbre d'hélice, hélice, coque

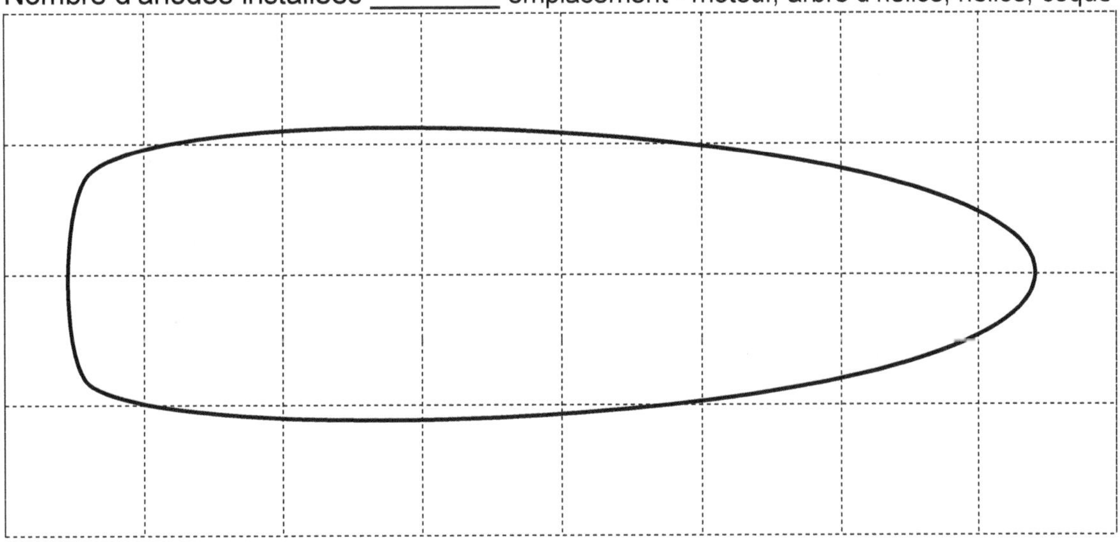

Commentaires : ____

____

____

Inverseur/ transmission

Inverseur marque et modèle : ______________________________

____

Numéro de série : ______________________________

Type : hydraulique ▢ mécanique ▢ Date d'installation : ______________

Huile transmission ou huile moteur : ______________ Capacité : ______________ Litres

Rapports de démultiplication: Position A : ______________ Position B : ______________

Échangeur de transmission : non ▢ oui ▢

Anode : non ▢ oui ▢ zinc ▢ aluminium ▢ magnésium ▢

Type de Plaque d'entraînement : ______________________________

Date de la dernière inspection : ______________________________

Transmission : Taille de l'arbre d'entrée : __________ mm Nb. de cannelures d'arbre : __________

Taille de l'arbre de sortie : __________ mm Nb. de cannelures d'arbre: __________

Commentaires : ______________________________

Accouplement flexible : non ▢ oui ▢ Date d'installation : ______________

Marque et modèle : ______________________________

Position de l'inverseur en navigation* neutre (libre) ▢ engagé AV/AR ▢
frein d'arbre d'hélice ▢

**vérifiez toujours dans le manuel – la position en navigation change selon les modèles d'inverseurs*

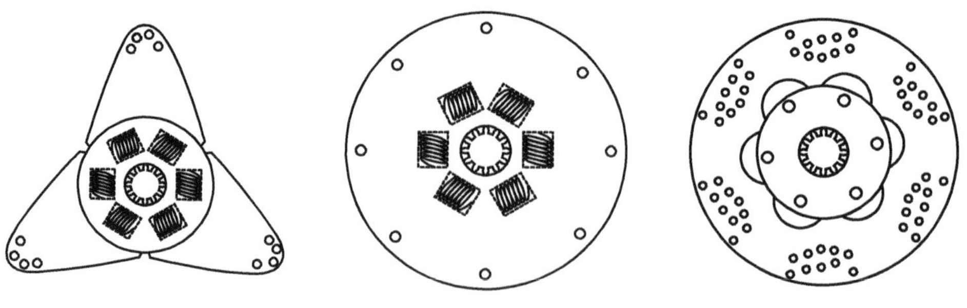

3 modèles de dampers d'accouplement

Arbre d'hélice et presse étoupe

Arbre d'hélice : Matériau :

inox ▢

bronze ▢

__________ autre ▢

Diamètre de l'arbre __________mm / pouces*

*utiliser les décimales pour les mesures en pouce pour plus de précision

Date d'installation : __________

Pour mesurer correctement le cône d'arbre d'hélice, voir page 22

Joint d'arbre :

Type de joint d'arbre : Joint d'arbre d'hélice à lèvre : ▢ Joint d'arbre d'hélice tournant : ▢ Joint d'arbre de boîte de rembourrage : ▢

Marque et modèle : __________

Taille : __________ Date d'installation : __________

Manuel : __________ papier ▢ pdf ▢

Inventaire

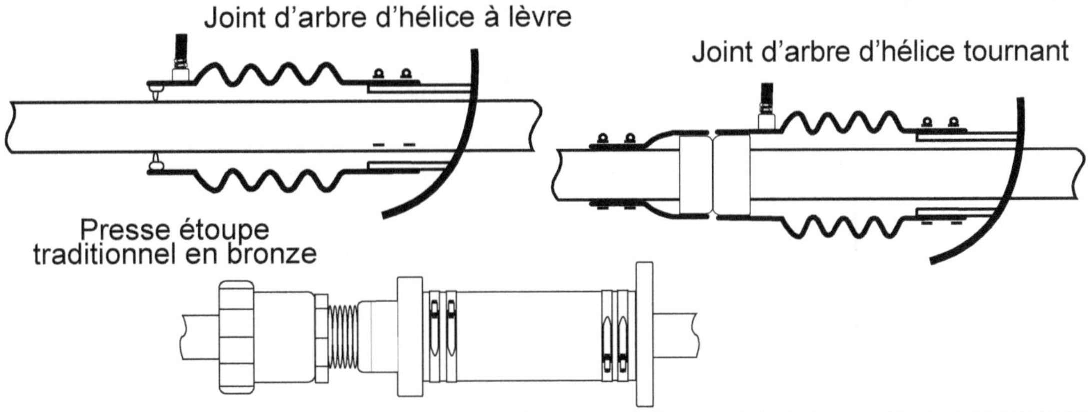

Bague hydrolube

Matériaux de construction : laiton/caoutchouc ▢ composite/caoutchouc ▢ caoutchouc/ caoutchouc ▢

Date d'installation : __________

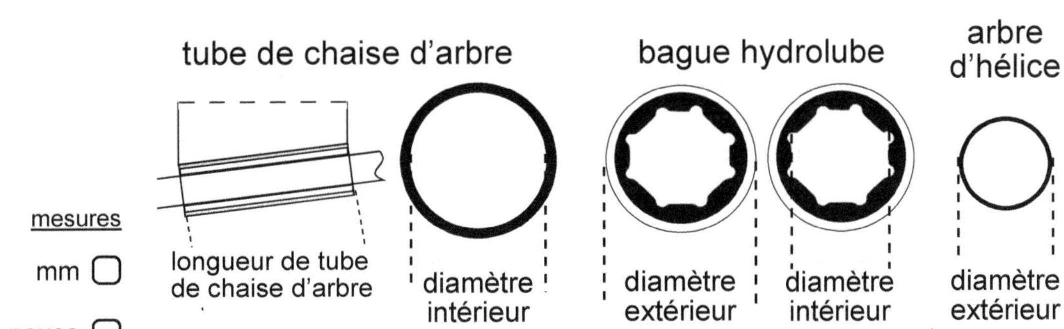

Hélices

Type d'hélice : fixe ☐ mise en drapeau ☐ repliable ☐

Matériau de construction : bronze ☐ inox ☐ aluminium ☐

Nombre de pales : 2 ☐ 3 ☐ 4 ☐ 5 ☐

Sens de rotation:

sens horaire (right hand RH) ☐

sens anti horaire (left hand LH) ☐

Dimensions de l'hélice : Diamètre : ____________ Pas : ____________ pouces / cm

Marque et numéro de série : ____

Numéro d'hélice : *(eg. 18 RH 12)* ______________ Date d'installation : ______________

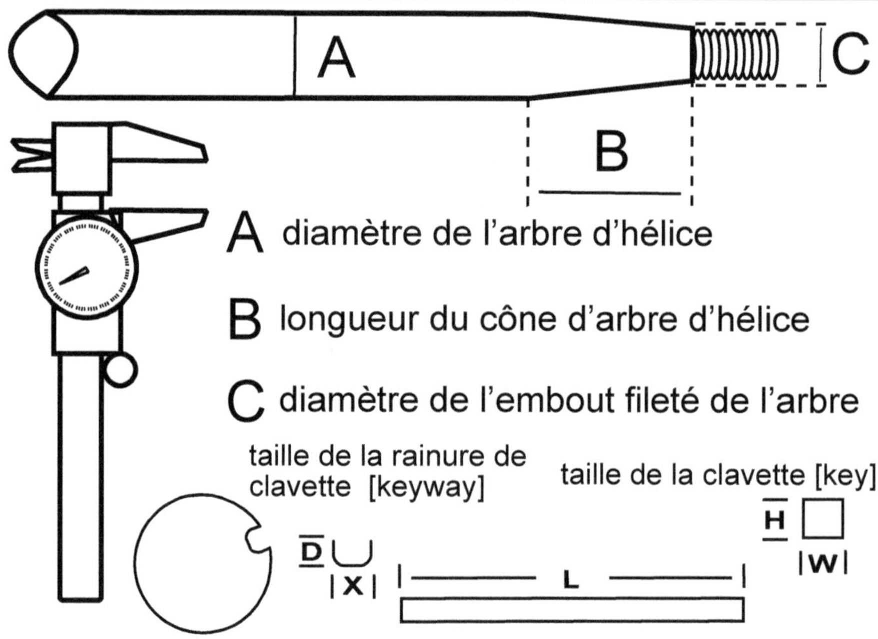

Cône d'axe d'hélice Mesures mm ☐ pouces décimal* ☐

A Diamètre de l'arbre d'hélice : ____________________ Taille du filetage ** : ____________

B Longueur du cône d'arbre d'hélice : ________________ D profondeur rainure de clavette : ____________

C Diamètre de l'embout fileté de l'arbre : ______________ W largeur de rainure de clavette : ____________

H Hauteur de clavette : __________ W largeur de clavette : __________ L longueur de rainure de clavette : __________

*utiliser les décimales pour les mesures en pouce pour plus de précision

**métrique - écart de filetage
impériale - filetage par pouce

Commentaires : ____

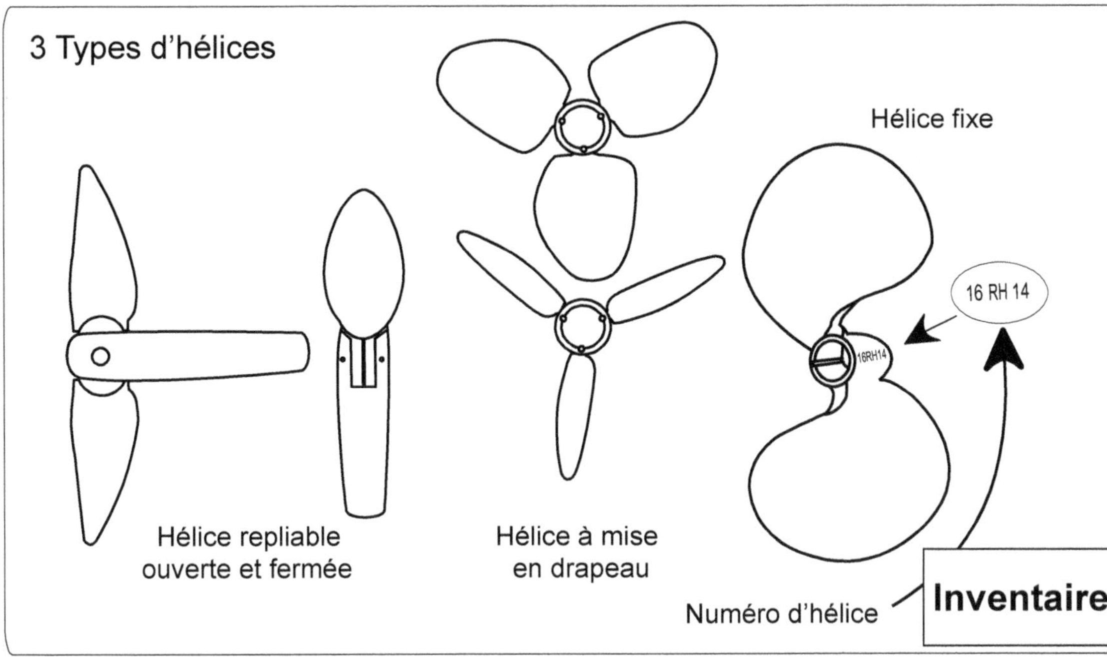

Accouplement souple

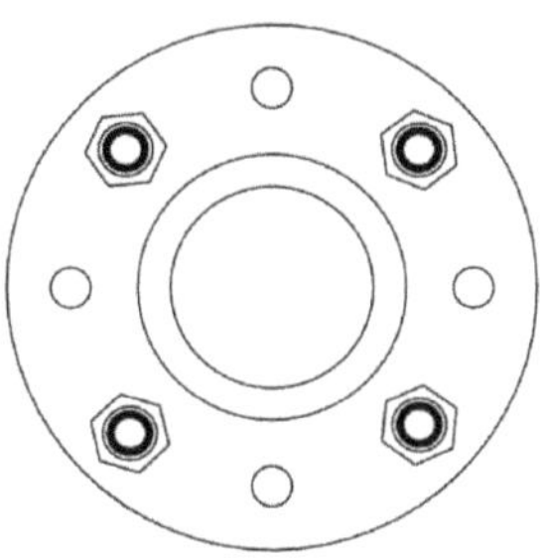

Un accouplement souple est généralement un disque ou une plaque épaisse en caoutchouc, en polyuréthane ou en un autre plastique, monté entre la bride de l'inverseur et la bride de l'arbre d'hélice. Ces simples plaques souples ne sont pas conçues pour compenser le désalignement.

L'accouplement souple (disque) s'adapte entre la bride de sortie de transmission et la bride d'arbre d'hélice

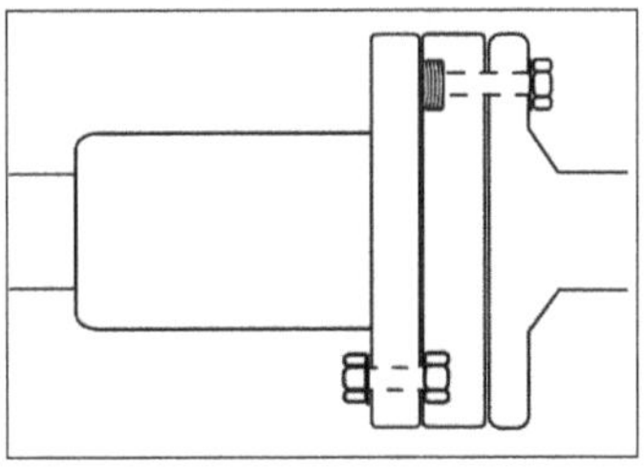

Objectifs d'un couplage flexible simple

Les objectifs d'un couplage flexible sont les suivants :

- protéger l'inverseur/transmission et le moteur de tout arrêt brutal de l'arbre d'hélice (choc de poussée) – par ex. si l'hélice accroche une corde, un filet ou heurte un tronc flottant !
- l'accouplement est conçu pour se casser en cas de choc, déconnectant ainsi l'arbre d'hélice de l'inverseur et du moteur
- absorber les vibrations mineures de l'arbre d'hélice
- Il n'est **pas conçu** pour corriger un mauvais alignement du moteur

Des accouplements souples plus avancés, complexes et coûteux sont disponibles pour compenser le désalignement

Saildrive

Marque et modèle : ____________________

Numéro de série : ____________________ Date d'installation : ____________________

Date d'installation/renouvellement du joint de coque : ____________________

Capacité d'huile pour l'unité inférieure : ____________________ Litres

Type d'huile – marque et grade : ____________________

Nombre d'anodes : __________ Type d'anodes : zinc ☐ magnésium ☐ aluminium ☐

Emplacement d'anode : ____________________ Numéro de référence : ____________________

Emplacement d'anode : ____________________ Numéro de référence : ____________________

Emplacement d'anode : ____________________ Numéro de référence : ____________________

Saildrive manuel d'utilisation* ☐ manuel d'entretien ☐ liste de pièces ☐ papier ☐ pdf ☐

*voir liste complète des manuels page 27

Commentaires : ____________________

Autres moteurs – générateur, hors-bord, etc.

Motor Marque et modèle : ________________________ Année : __________

Combustible : diesel ☐ essence ☐ autre ☐ ________________________

Nb de série : ______________ Puissance (CV kW) : __________ Nb de cylindres : _____

Nb d'heures : _________ Date : __________ Nb d'heures : __________ Date : _________

Sens de rotation : ___________ Date de révision/reconstruction : ______________

Manuels du moteur Manuel de l'utilisateur ☐ Manuel atelier ☐ Liste pièces ☐ papier ☐ pdf ☐

Emplacement : ____

voir liste complète des manuels p27

Motor Marque et modèle : ________________________ Année : __________

Combustible : diesel ☐ essence ☐ autre ☐ ________________________

Nb de série : ______________ Puissance (CV kW) : __________ Nb de cylindres : _____

Nb d'heures : _________ Date : __________ Nb d'heures : __________ Date : _________

Sens de rotation : ___________ Date de révision/reconstruction : ______________

Manuels du moteur Manuel de l'utilisateur ☐ Manuel atelier ☐ Liste pièces ☐ papier ☐ pdf ☐

Emplacement : ____

Commentaires : ____

Liste des pièces de rechange – Matériel d'entretien moteur

pièce	**qte**	**lieu de rangement**
filtres à fuel primaire		
filtres à fuel secondaire		
filtres à huile		
courroies		
anodes		
turbines		
huile moteur		
huile de transmission		
liquide de refroidissement		

Liste des pièces de rechange – Pieces moteur

item	
pompe à fuel	
pompe d'injection	
tuyaux d'injecteur (jeu complet)	
injecteurs	
rondelle en cuivre (joint injecteur)	
pompe à eau de mer	
thermostat	
alternateur	
durites	

Manuels

Motor : Manuel de l'utilisateur ☐ Manuel atelier ☐ Liste pièces ☐

Emplacement : ______________________________ papier ☐ pdf ☐

Transmission **:** Manuel de l'utilisateur ☐ Manuel atelier ☐ Liste pièces ☐

Emplacement : ______________________________ papier ☐ pdf ☐

Manuels électriques : Accu ☐ Alternateur ☐ Régulateur ☐

Emplacement : ______________________________ papier ☐ pdf ☐

Saildrive **:** Manuel de l'utilisateur ☐ Manuel atelier ☐ Liste pièces ☐

Emplacement : ______________________________ papier ☐ pdf ☐

Joint d'arbre : Manuel ☐

Emplacement : ______________________________ papier ☐ pdf ☐

Autres manuels :

Emplacement : ______________________________ papier ☐ pdf ☐

Commentaires : ______________________________

Autres équipements

Autres équipements

Tâches et calendrier d'entretien

TOUS LES JOURS ou avant chaque utilisation	
inspection visuelle de la salle des machines	
vérifier la tension de la courroie	
garder les batteries chargées et surveiller le voltage	
vérifier le niveau d'huile moteur	
vérifier le niveau de liquide de refroidissement/antigel et faire l'appoint au besoin	

Voir Schémas d'inspection aux pages 38 à 53

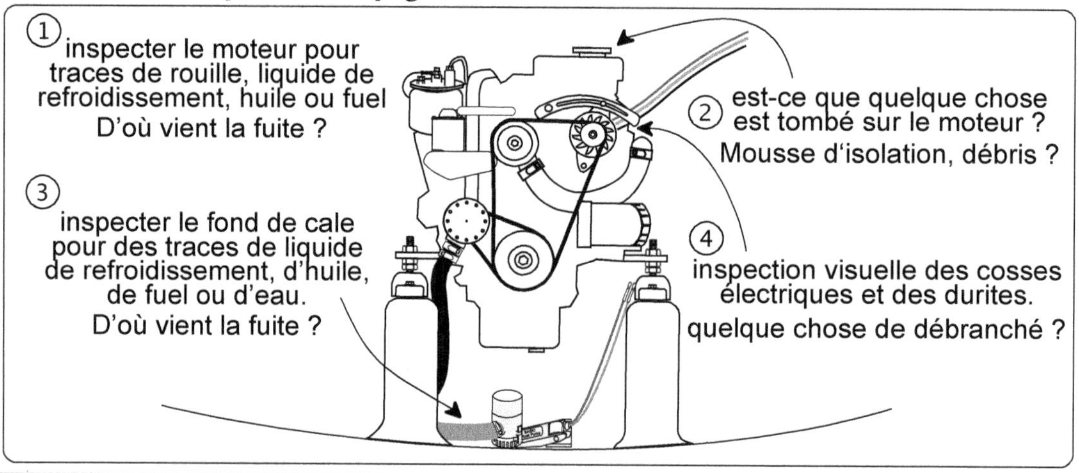

TOUTES LES SEMAINES	**service suivant**
vérifier le niveau du liquide de transmission	
inspecter les durites et les colliers de serrage	
installer et inspecter les protections anti-frottement	
inspecter la ou les courroies	
inspecter l'état du liquide de refroidissement	
diagnostic à la jauge – huile moteur	
diagnostic à la jauge – liquide de transmission	
vérifier le voltage sur circuit ouvert de la batterie avec un multimètre	

Marine Diesel Basics 1 montre comment accomplir toutes ces tâches avec des illustrations claires et un texte simple

TOUS LES MOIS	service suivant
inspecter les poulies (réas)	
vérifier l'alignement des courroies et des poulies	
ajuster l'alignement de la poulie, au besoin	
serrer les courroies de l'alternateur et de la pompe à eau, au besoin	
nettoyer autour des injecteurs et de la pompe d'injection	
vérifier l'anti-siphon et le rincer si nécessaire	

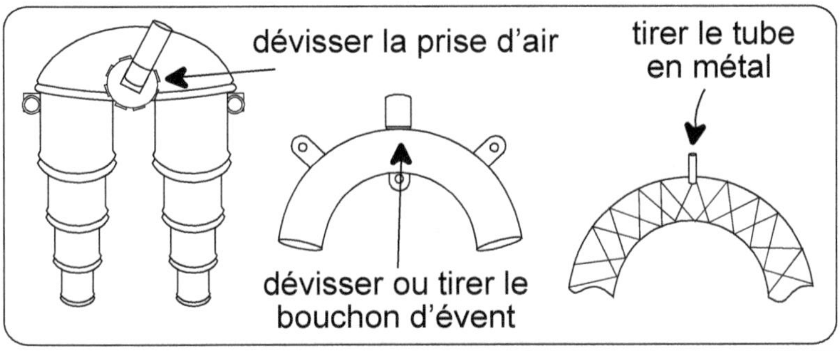

Un anti-siphon bouché peut permettre à l'eau de mer de remplir le moteur

Liste des contrôles d'entretien

vérifier et nettoyer le filtre à air (si nécessaire)	
resserrer les connexions des bornes de batteries	
nettoyez le dessus et les bornes des batteries	
vérifier les niveaux d'électrolyte dans les batteries à cellules humides	
nettoyer l'hélice, la chaise d'arbre et l'arbre (si nécessaire)	

TÂCHES DES 3 MOIS	service suivant
inspecter la nable à fuel	
ajouter du biocide au(x) réservoir(s) de fuel, lors du remplissage	
vérifier la ventilation dans la salle des machines	
vérifier l'accouplement entre la transmission & l'arbre d'hélice	
inspecter le presse-étoupe	

CHAQUE SAISON	service suivant
changer l'huile moteur et le filtre (voir le manuel du moteur)	
changer le liquide de transmission	
vérifier l'état des supports moteur	
graisser les extrémités des câbles de commande et les filetages des supports moteur	
vérifier la pompe d'injection et son niveau d'huile (si une jauge est installée)	

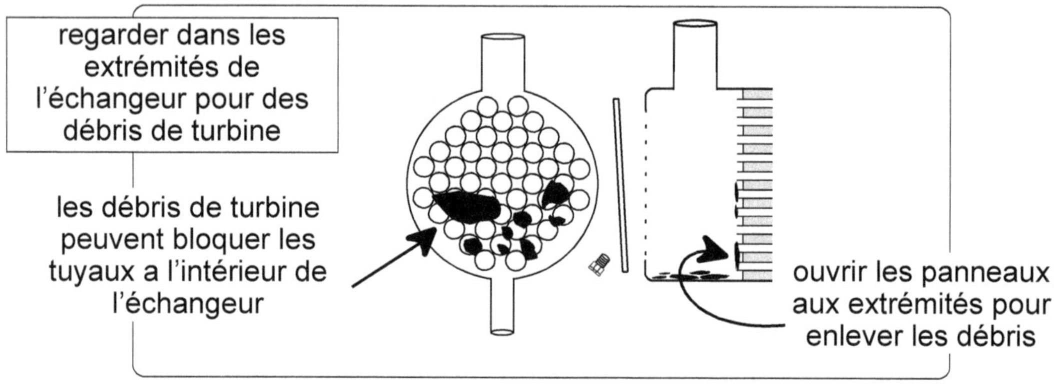

TÂCHES DES 6 MOIS	service suivant
vérifier et changer les anodes de l'échangeur	
inspecter l'anode de l'hélice	
inspecter l'anode sur une hélice en drapeau	

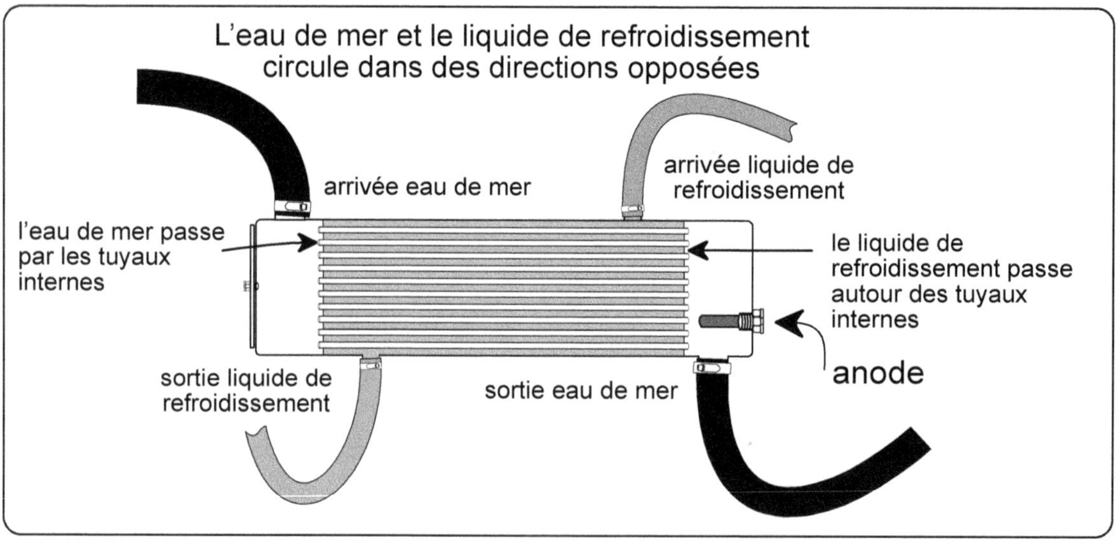

TOUS LES ANS	service suivant
changer le filtre à fuel primaire (séparateur - utiliser un filtre de 10 microns)	
changer le filtre à fuel secondaire (utiliser un filtre de 2 microns)	
purger le système de carburant (au besoin)	
vérifiez que le ou les réservoirs de fuel ne soient pas contaminés	
lubrifier la fente de la clé de contact	
nettoyer le passe coque de prise d'eau mer	
vérifier les pinoches attachées au vannes	

Voir Schémas d'inspection aux pages 38 - 53

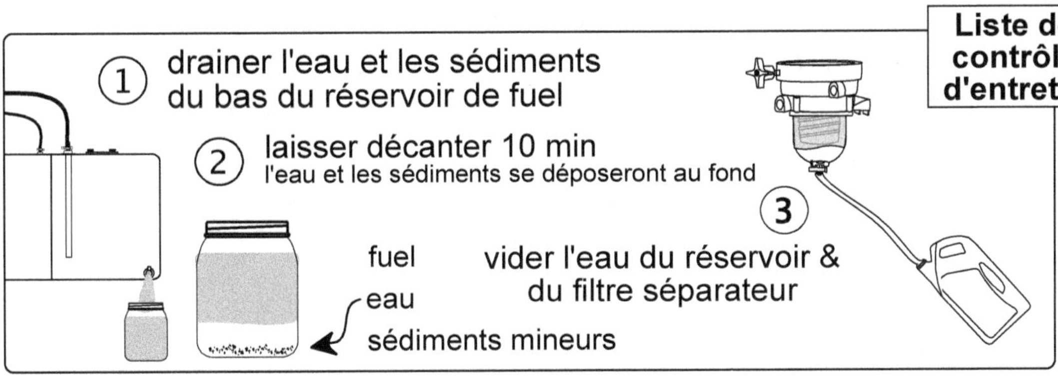

vérifier que les vannes de coque s'ouvrent/se ferment normalement	
inspecter le filtre à eau de mer (l'assemblage complet, pas seulement le panier)	
inspecter la turbine en caoutchouc de la pompe à eau de mer	
inspecter et réparer l'isolation sonore	
effectuer un test de charge pour chaque batterie 12 volts	
inspecter l'arbre d'hélice	
inspecter la bague hydrolube	
inspecter la chaise d'arbre	
inspecter l'hélice	

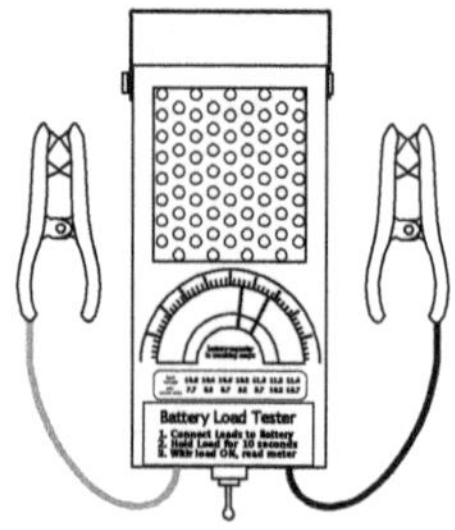

Un testeur de charge mesure à quel point une batterie fonctionne sous charge. Une batterie de 12 volt peut paraître complètement chargée (12.65v) mais ne pas être capable de lancer le moteur en raison d'une réduction de capacité, généralement due à la sulfatation.

Le voltage d'une batterie complètement chargée en bon l'état ne devrait baisser que lentement ou presque pas lorsqu'elle est sous charge pendant 10 secondes.

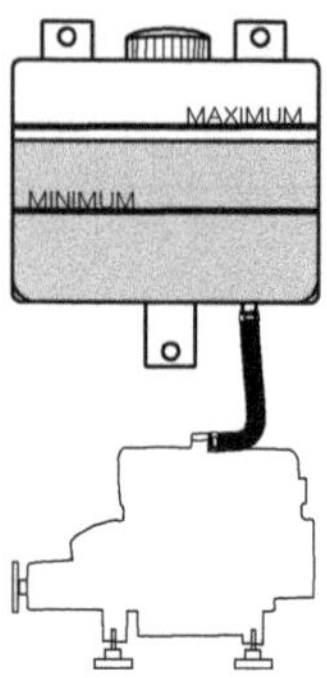

Vérifier le niveau de liquide de refroidissement dans le vase d'expansion

faire le niveau au besoin

OU vérifier le niveau dans le réservoir en tête de culasse

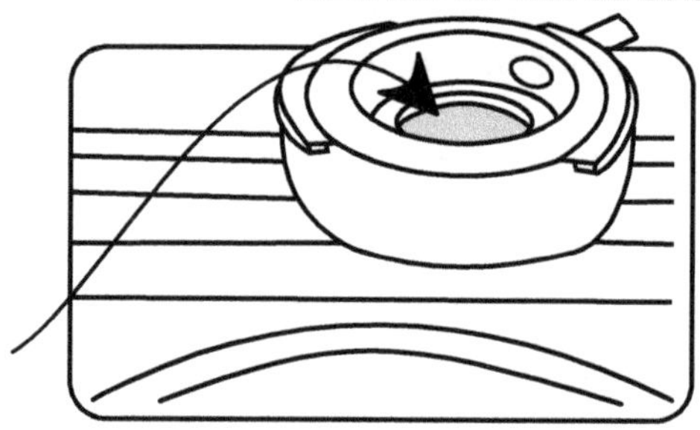

remplir jusqu'à juste en dessous du niveau de la lèvre inférieure

TOUS LES 1 OU 2 ANS	service suivant
vidanger et remplacer le liquide de refroidissement usé	
vérifier les passages intérieurs de la colonne montante d'échappement (échappement humide)	
graisser l'hélice en drapeau	

① ouvrir – fermer – ouvrir – fermer la vanne de coque

la poignée doit bouger normalement

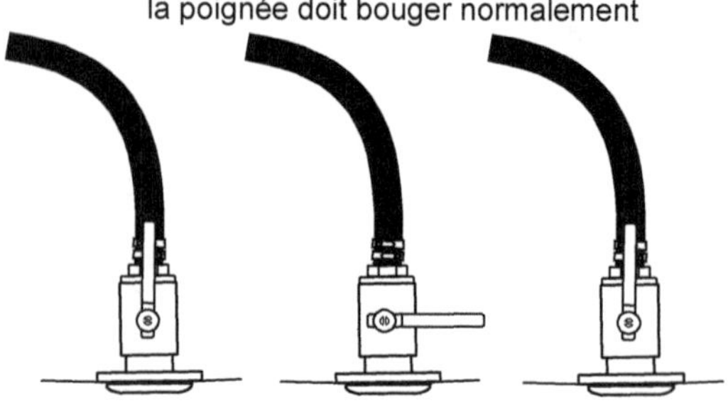

② revérifier les colliers

les différences de température peuvent desserrer les colliers

Vérifier que les écrous d'hélice soient bien serrés

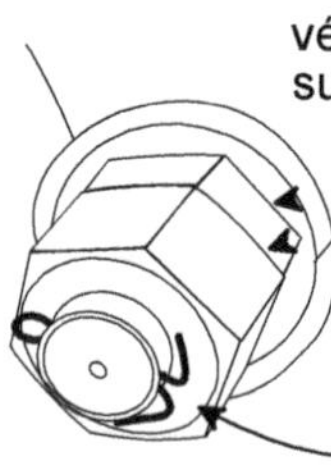

vérifier la présence de signes d'usure sur les écrous en laiton qui indiquerai une hélice mal serrée

vérifier que la goupille soit bien en place

vérifier que la goupille soit bien en place

la remplacer au besoin

plier les extrémités vers l'intérieur

a ***seized*** seacock is a danger to the vessel and everyone aboard

tapered seacock can be serviced

replace ball valve seacock

Marine Diesel Basics 1 montre comment accomplir toutes ces tâches avec des illustrations claires et un texte simple

Saildrives – Tâches et calendrier d'entretien

TOUS LES JOURS ou avant chaque utilisation	
vérifier le niveau d'huile du saildrive et faire l'appoint	

TOUS LES MOIS	service suivant
inspecter la peinture et retoucher au besoin	
nettoyer l'entrée d'eau de mer	

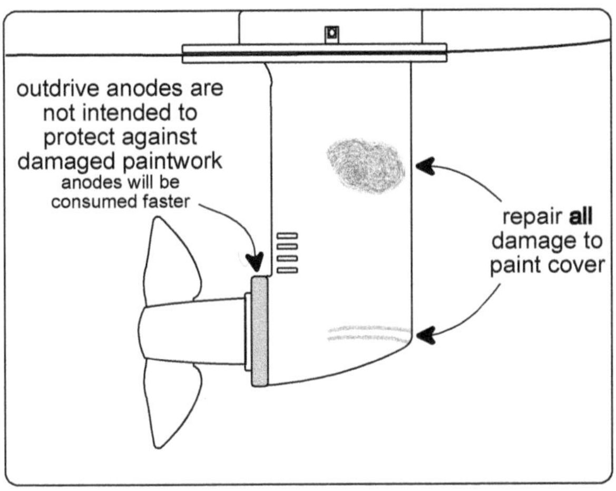

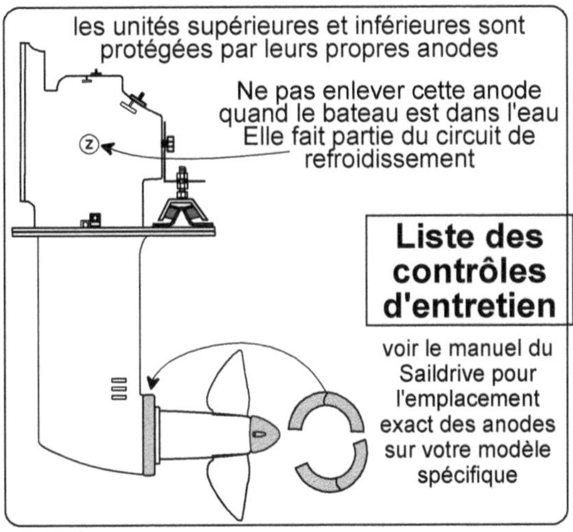

100 - 250 heures*	service suivant
changer l'huile de l'unité inférieure	
purger l'air de la jauge	

* suivre les recommandations du fabricant dans le manuel

TOUS LES SIX MOIS	service suivant
inspecter les anodes du saildrive	

TOUS LES ANS	service suivant
inspecter la bague d'étanchéité extérieure	
inspecter la bague d'étanchéité intérieure et l'alarme du capteur d'eau	
inspecter l'hélice	
graisser l'hélice en drapeau	

Notes d'entretien

Notes d’entretien

L'inspection est la mère de la prévention

Liste des inspections

Inspection de la nable de fuel....38
Diagnostic à la jauge – huile moteur 39
Diagnostic à la jauge – liquide de transmission automatique.... 40
Inspection des durites et colliers de serrage 41
Position correcte pour le contrôle du niveau d'huile d'inverseur....41
Inspection du câblage et des cosses 42
Inspection d'une turbine en caoutchouc 43
Inspection de la pompe à eau de mer....43
Inspections des anodes 44
Protection contre les frottements à l'aide de vieux tuyaux....44
Inspection du liquide de refroidissement....44
Inspection des courroies....45
Inspection de la tension de la courroie 46
Inspection des poulies 47
Inspection de l'accouplement d'arbre 48
Inspection de l'arbre d'hélice 49
Inspection de tension de courroie....49
Inspection des joint d'arbre d'hélice....50
Inspecter la durite d'un presse étoupe traditionnel 50
Inspection de la bague hydrolube....51
Inspection de la chaise d'arbre 52
Inspection de l'hélice....52
Saildrive – Inspection de la bague d'étanchéité en caoutchouc intérieure 53
Saildrive – Joint étanche (anneau d'étanchéité en caoutchouc intérieur)..... 53

Inspection de la nable de fuel

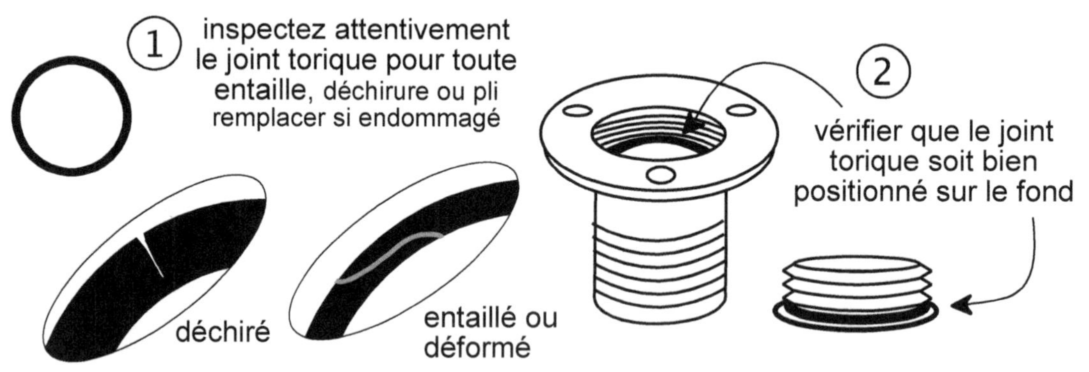

Inspections du système diesel

Diagnostic à la jauge - huile moteur

Niveau d'huile

notez le niveau et la quantité d'huile ajoutée dans le carnet d'entretien

- niveau d'huile au maximum
- niveau d'huile en dessous du maximum
  faire l'appoint
- niveau d'huile au dessous du minimum
  inspecter la raison pour la baisse de niveau depuis la dernière inspection

Changement du niveau d'huile

notez le changement de niveau d'huile dans le carnet d'entretien

- pas de changement du niveau d'huile depuis la dernière inspection
- BAISSE du niveau depuis la dernière inspection
  cela est-il déjà arrivé par le passé?
  chercher la fuite ou l'huile dans le fond de cale
- HAUSSE du niveau depuis la dernière inspection
  chercher la cause avant de démarrer le moteur
  vérifier l'historique, cela est-il déjà arrivé par le passé?

Couleur de l'huile

notez le changement de couleur dans le carnet d'entretien

- assombrissement graduel avec le temps - normal
- couleur plus claire que lors de la dernière inspection
  Chercher la cause immédiatement

Odeur de l'huile

- odeur normale d'huile neuve
- odeur légèrement brûlée normal
- odeur de brûlé surchauffe sérieuse chercher la cause
- mauvaise odeur d'œuf pourri
  oxydation
  chercher la cause

Consistance de l'huile

- « huileuse » normal
- « fluide » fuel dans l'huile
  Chercher la cause
- « épaisse » de la boue peut être en train de se former
  Chercher la cause
- « laiteuse » émulsion de fuel ou d'eau
  Chercher la cause
- « granuleuse » l'huile gratte entre les doigts
  Chercher la cause

Diagnostic à la jauge - liquide de transmission automatique

Niveau du liquide de transmission automatique (ATF)

niveau au maximum

en dessous du maximum

noter dans le carnet le temps d'utilisation de l'ATF

niveau en dessous du minimum

chercher la cause avant de se servir de la transmission à nouveau

Changement de niveau

notez le changement de niveau d'huile dans le carnet d'entretien

niveau inchangé

baisse du niveau

vérifier l'historique, cela est-il déjà arrivé par le passé?

Chercher la cause fuite, joint cassé

hausse du niveau

vérifier l'historique, cela est-il déjà arrivé par le passé?

Chercher la cause avant de se servir de la transmission à nouveau

Odeur

notez le changement d'odeur de l'huile depuis la dernière inspection dans le carnet d'entretien

odeur d'huile neuve

ATF « douce »

huile « huileuse »

normal

Odeur légèrement brûlée

surchauffe

à surveiller

« plastique brûlé »

surchauffe sérieuse

chercher la cause avant de se servir de la transmission à nouveau

Consistance de l'huile

notez le changement depuis la dernière inspection dans le carnet d'entretien

« huileuse » normal

fluide – contaminée chercher une fuite dans l'échangeur

épaisse – formation de boue – surchauffe – changement d'ATF en retard

laiteuse – eau de mer dans l'ATF – chercher la fuite

épaisse formation de boue – surchauffe – changement d'ATF en retard

Couleur

notez le changement de couleur depuis la dernière inspection dans le carnet d'entretien

Rouge cerise pour ATF

Clair et brillante quand l'huile est neuve

léger assombrissement avec le temps

– normal

opaque, plus sombre

surchauffe possible

– à surveiller

assombrissement soudain depuis la dernière inspection

surchauffe

Chercher la cause immédiatement

éclaircissement avec le temps

– contamination

Chercher la cause immédiatement

Position correcte pour le contrôle du niveau d'huile d'inverseur

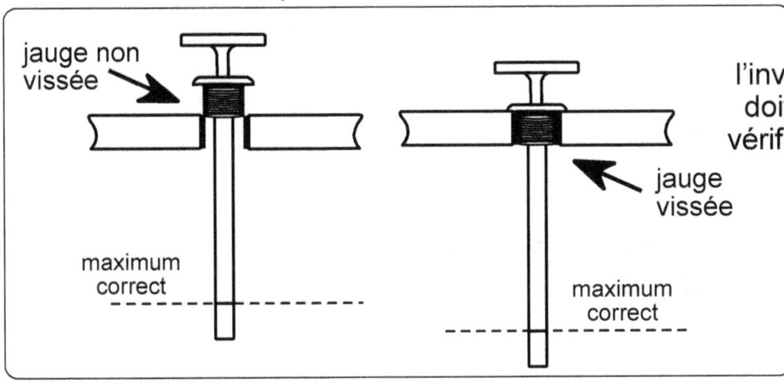

Vérifier le manuel de l'inverseur pour déterminer si doit être vissée ou pas pour vérifier le niveau correct d'ATF

Inspection des durites et colliers de serrage

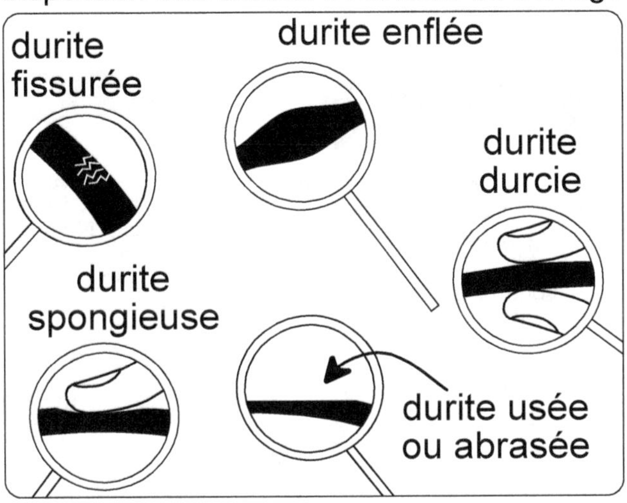

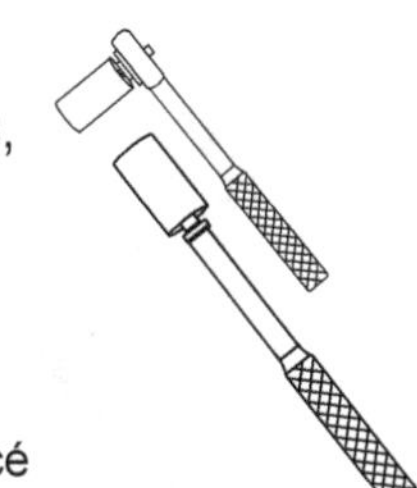

1. Il est conseillé d'inspecter tous les colliers de serrage régulièrement, au moins tous les trois mois,
en particulier ceux qui sont difficiles d'accès et souvent négligés

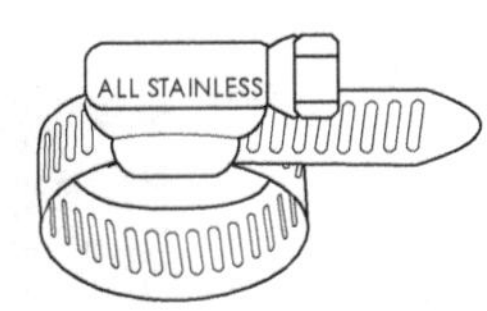

2. vérifier que le collier bouge quand la vis est tournée
le collier doit être bien serré, pas forcé

3. remplacer le collier si :
la vis est desserrée
la vis tourne mais la bande ne bouge pas
souvent causée par la corrosion

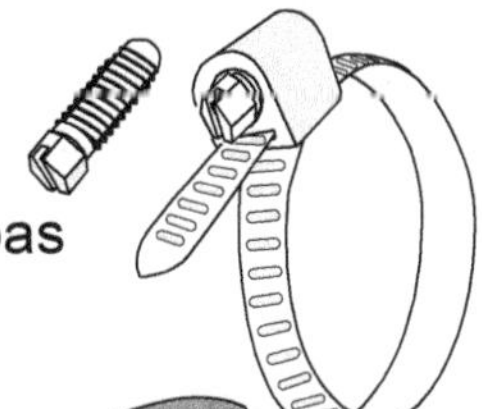

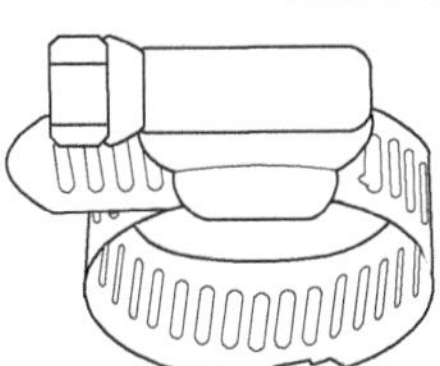

4. remplacer le collier si il est déchiré

5. vérifier le dessous pour des signes de rouille
l'inox ne doit pas rouiller

Inspection du câblage et des cosses

Les fils endommagés causent des problèmes :
- corrosion
- résistance électrique
- affaiblissement des brins de fil
- possibilité de fuite de masse
- pannes électriques
- pannes intermittentes

Il est recommandé d'utiliser du câblage de qualité marine, tirer les câbles avec attention, avec des soutiens, et protéger du fuel, de l'huile et de la graisse

le gasoil, l'huile et la graisse affaiblissent l'isolation
garder les câbles propres

coupures, entailles et fentes
laissent entrer l'humidité
sources de courant vagabond & pannes intermittentes

brins errants
source de courant vagabond & pannes intermittentes

fissures laissent entrer l'humidité

Causées par le vieillissement ou la chaleur

les frottements et l'abrasion passent souvent inaperçus

Inspecter au touché
Installer des protections contre les frottements

fonte
contact avec l'échappement
surchauffe du moteur
fil trop petit pour l'ampérage
charge excessive
trop forte résistance

l'utilisation d'un câblage de mauvaise qualité et les mauvaises pratiques d'installation rendent les problèmes inévitables en milieu marin

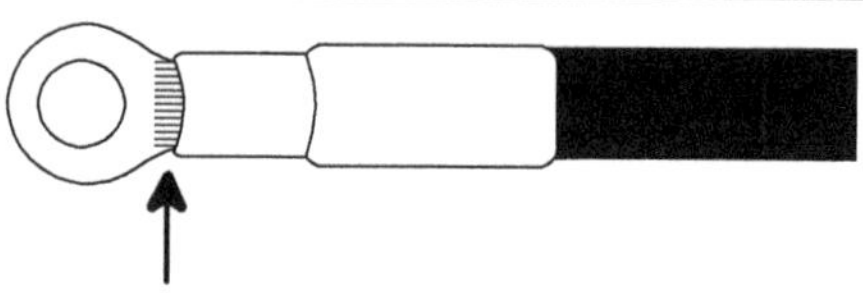

l'absence de gaine thermorétractable permet à l'humidité de s'infiltrer entre les brins, ce qui augmente la résistance

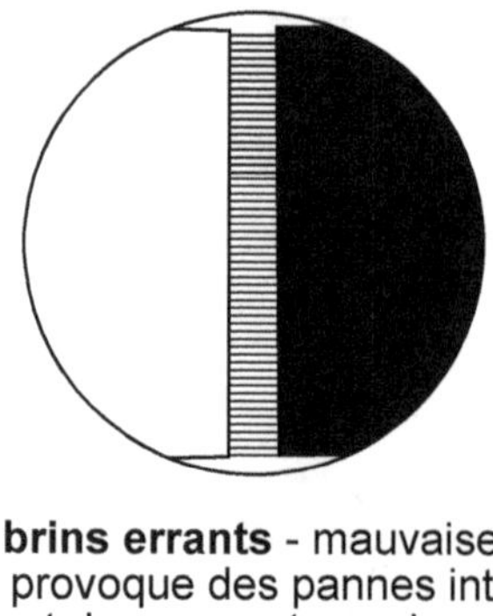

écart – mauvaise installation permet à l'humidité de pénétrer
les fils fléchissent au point faible

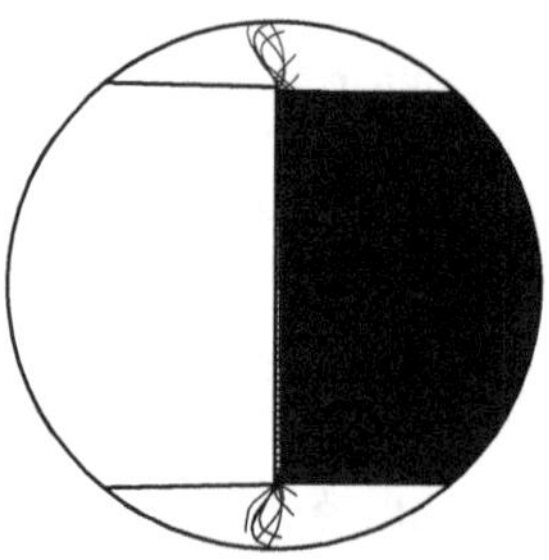

brins errants - mauvaise installation provoque des pannes intermittentes et des courant vagabond couper et couvrir avec du scotch électrique

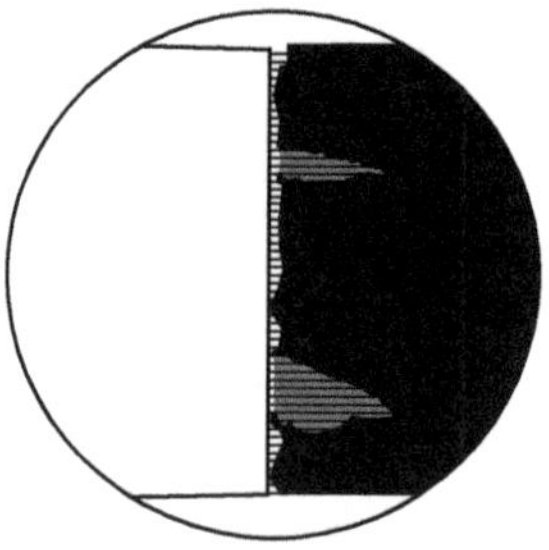

Gaine fissurée ou déchirée
couvrir avec du scotch électrique
Remplacer le câble

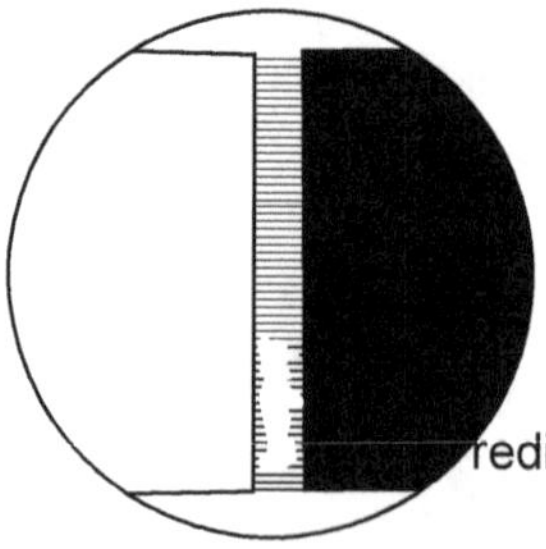

Brins cassés
contrainte sur le fil ou vibration
rediriger le câble, lui donner plus de support ou le remplacer par un fil plus long

Inspection de la pompe à eau de mer

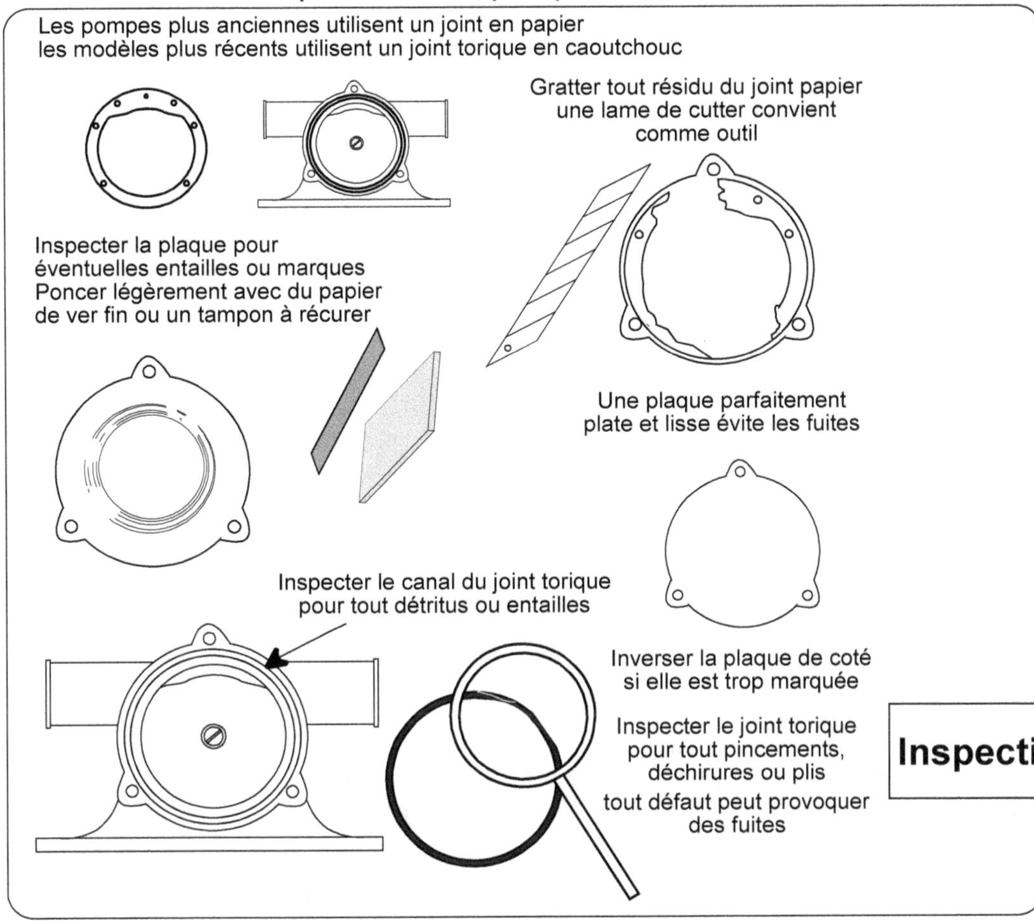

Inspection d'une turbine en caoutchouc

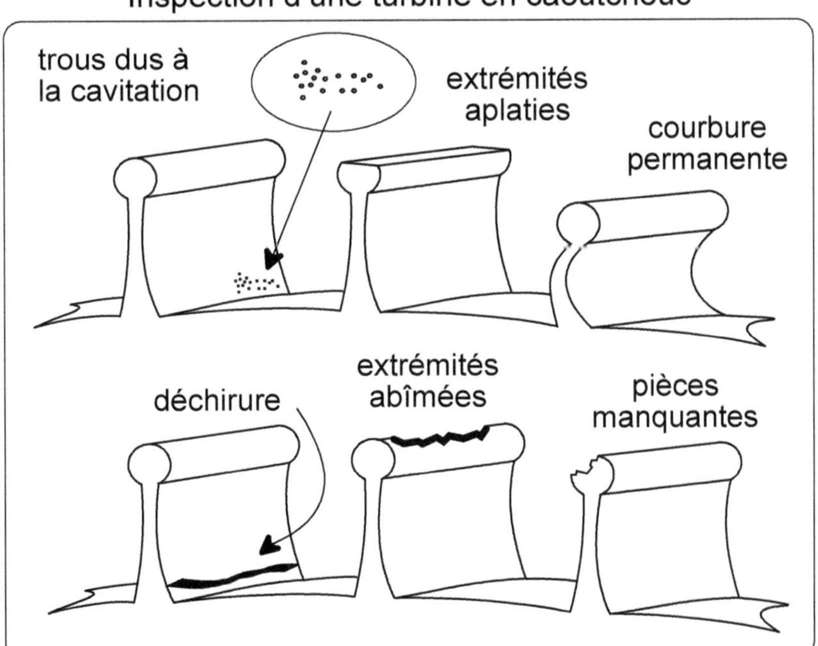

Inspection des anodes

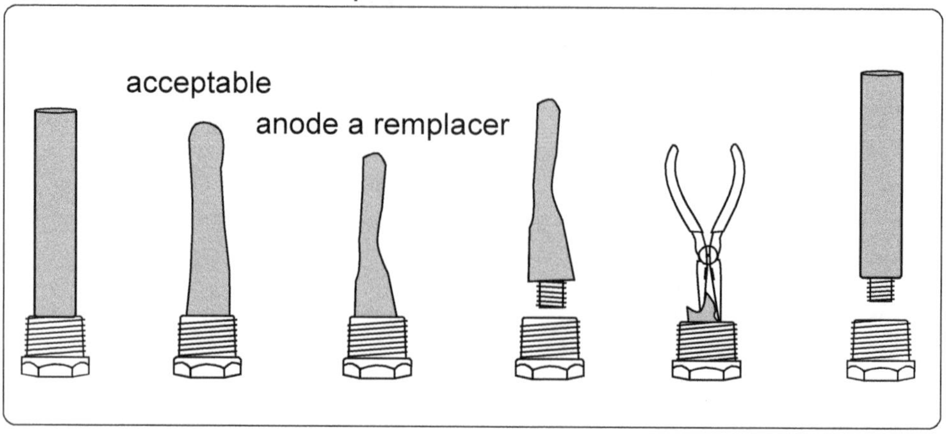

Protection contre les frottements à l'aide de vieux tuyaux

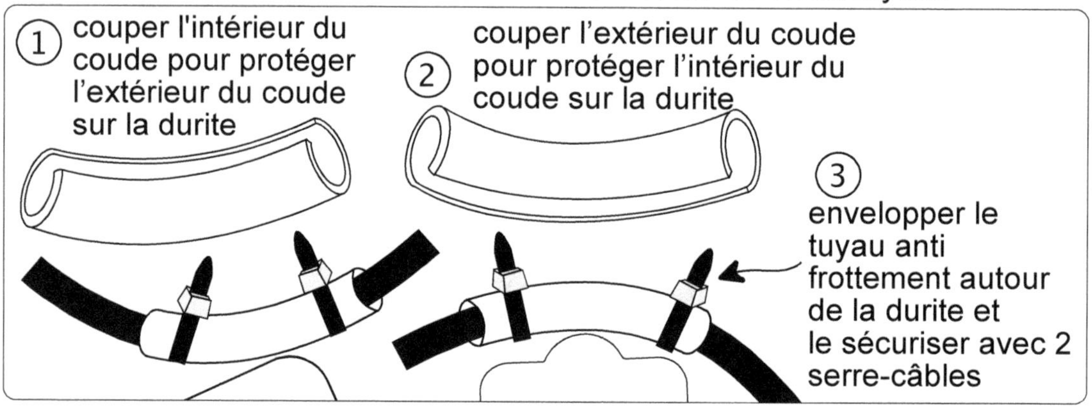

Inspection du liquide de refroidissement

Clarté		**Action requise**
clair	normal	
opaque	mélange de différent liquides	vidanger, rincer et utiliser du liquide de refroidissement neuf
Couleur		
claire, brillante	normal	
brune	mélange de différent liquides	vidanger, rincer et utiliser du liquide de refroidissement neuf
Contamination		
sédiments	précipité des additifs, rouille, tarte calcaire	vidanger, rincer et utiliser du liquide de refroidissement neuf
présence d'huile	fuite d'huile moteur dans le liquide de refroidissement	vérifier l'échangeur fuite au niveau d'un cylindre fuite du joint de culasse

la tension correcte et l'alignement sont essentiels à une longue durée de vie de la courroie

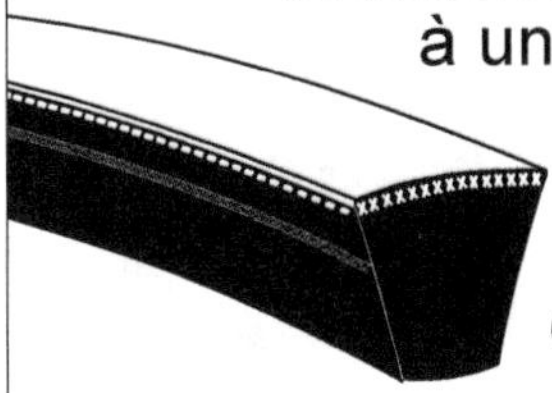

exemple d'une courroie trapézoïdale
les profils sont très variés et doivent correspondre à la poulie

poussière de courroie et dommages à la courroie sont des signes de mauvaise tension ou de désalignement

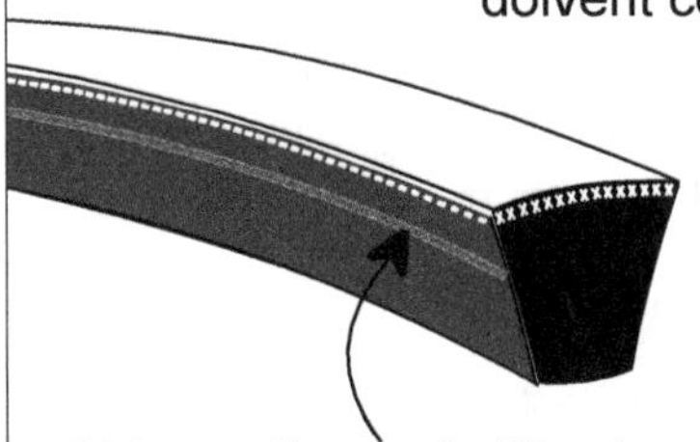

côtés polis ou brillants. La courroie glisse remplacer la courroie et gratter les parois de la poulie pour les rendre rugueuses

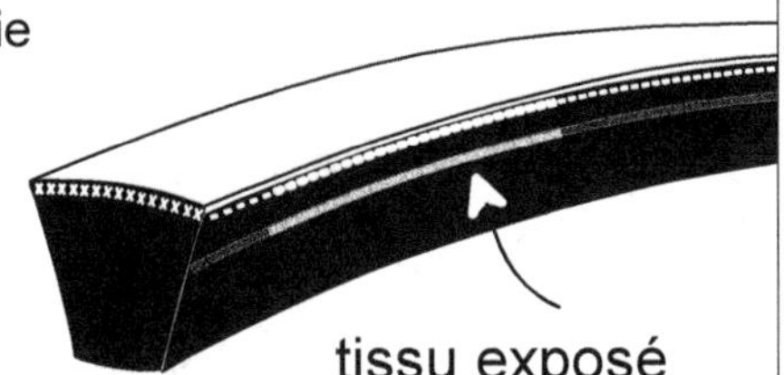

tissu exposé
usure inégale
remplacer la courroie

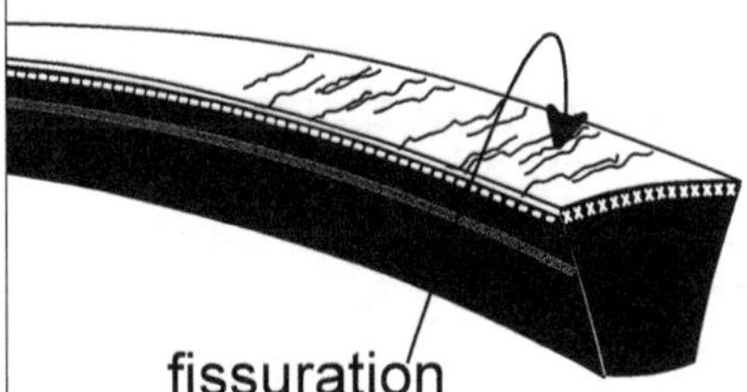

fissuration
remplacer la courroie

déchirure du bord supérieur
la courroie est trop profondément dans la poulie remplacer la courroie

échantillon de courroie trapézoïdale **nervurée.** Les profils sont très variés et doivent correspondre exactement à la poulie

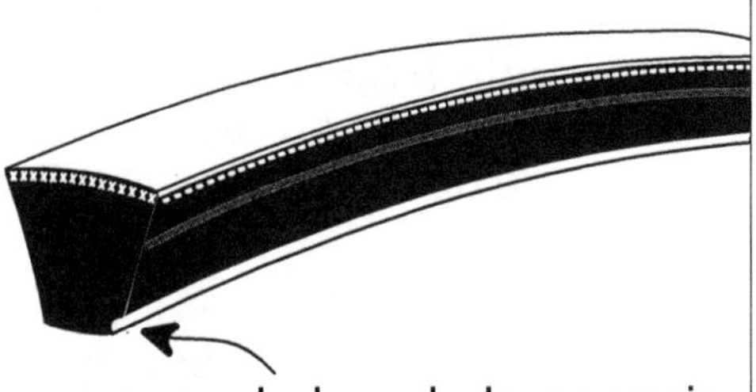

usure du bas de la courroie
remplacer la courroie

déchirure du bord supérieur
remplacer la courroie

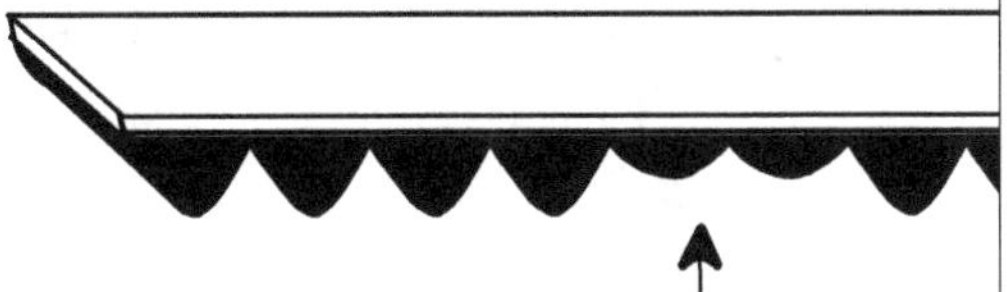

crans usés ou manquant
remplacer la courroie

Inspection de la tension de la courroie

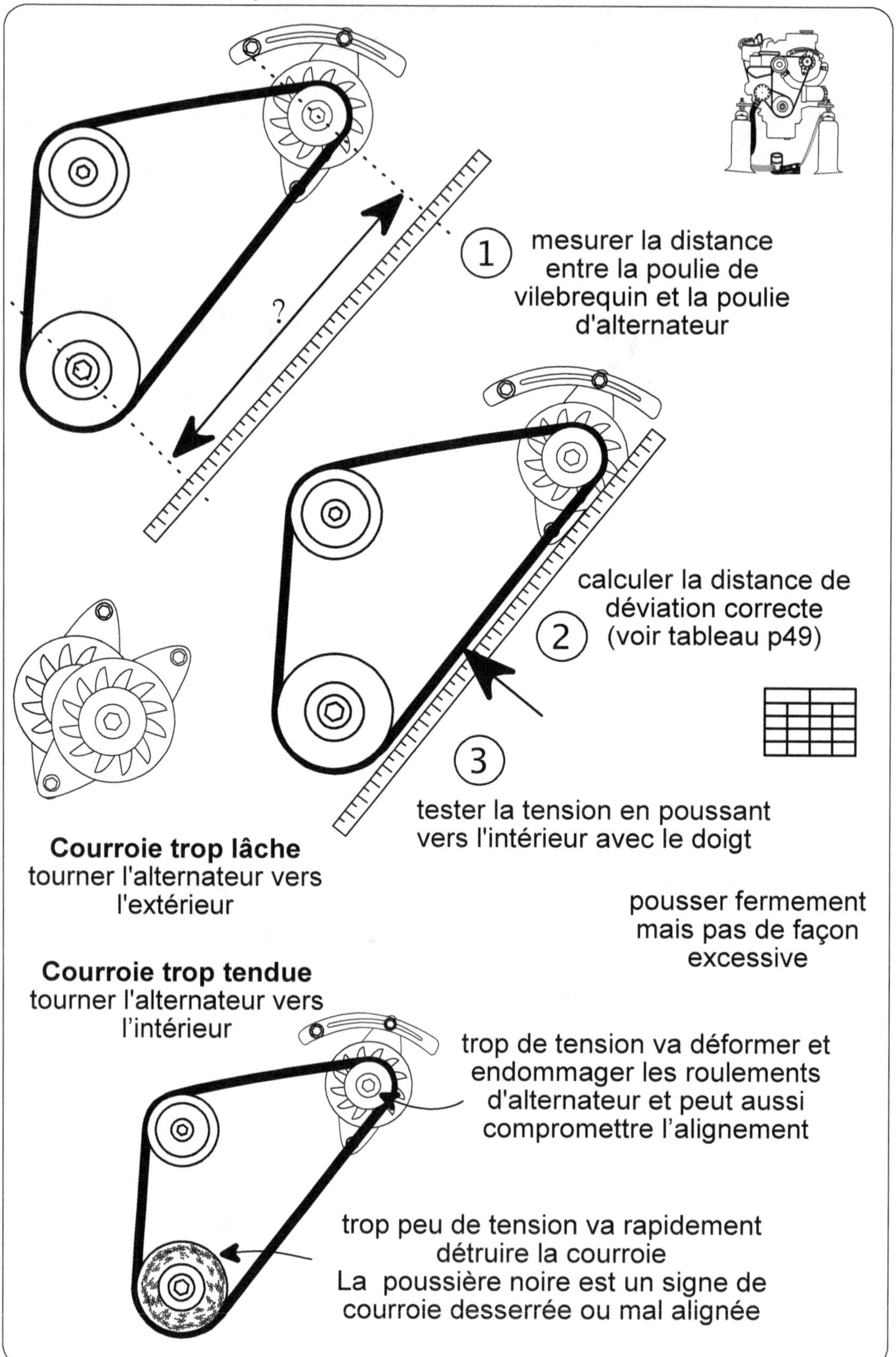

Inspection des poulies

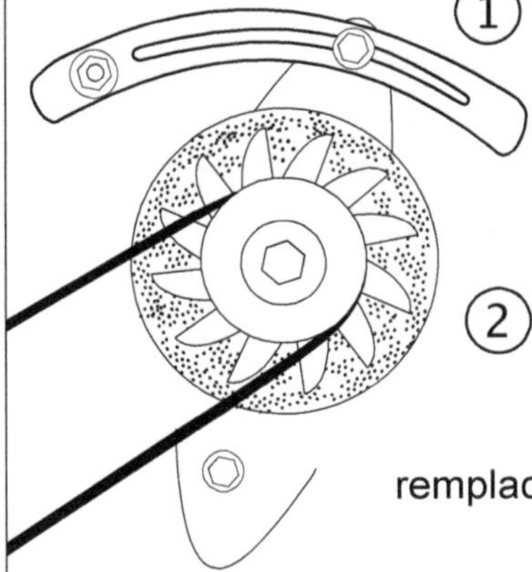

1. chercher la présence de poussière noire
   la poussière noire est un signe de courroie desserrée ou mal alignée

2. vérifier le jeu de la poulie
   De coté et d'avant en arrière

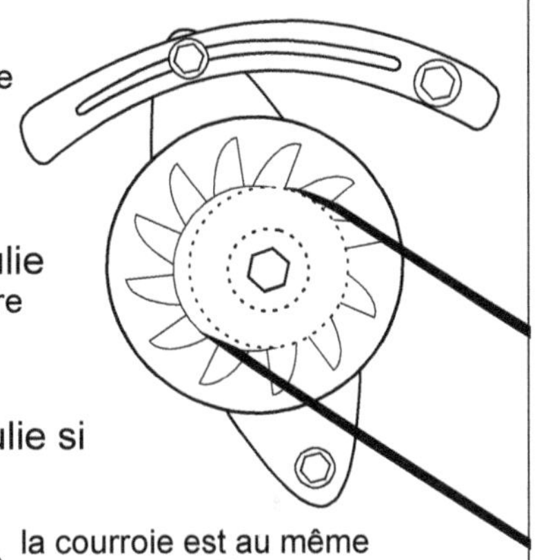

remplacer la courroie ou la poulie si

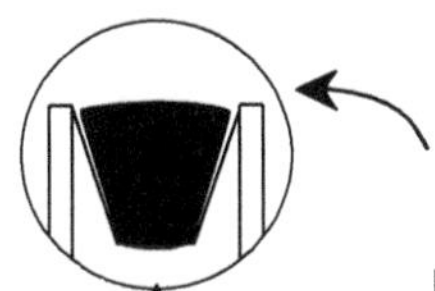

la courroie est au même niveau ou en dessous des parois de la poulie

la courroie touche le fond et non les parois de la poulie

En général cela est due a l'usure de la courroie mais cela peut être due a l'usure de la poulie elle même

Bien

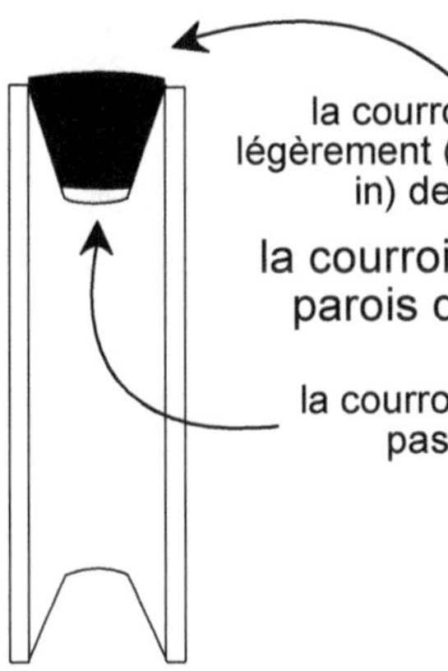

la courroie dépasse légèrement (1.5mm ou 1/16 in) de la poulie

la courroie touche les parois de la poulie

la courroie ne touche pas le fond

Inspections

emplacer la poulie si

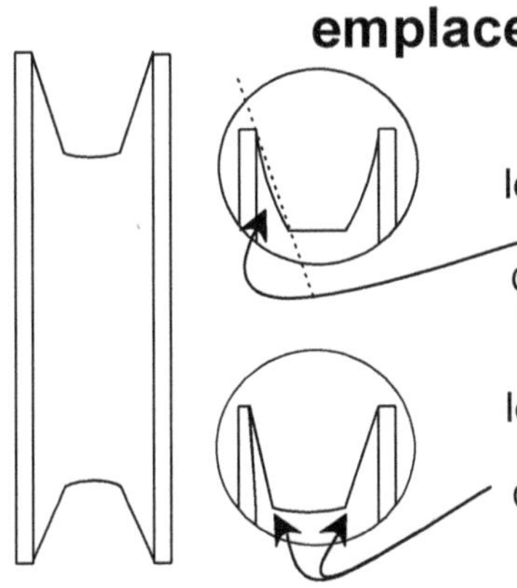

les parois de la poulie sont concaves

Cela réduis l'accroche de la poulie et la fait glisser

les parois de la poulie sont concaves

Cela réduis l'accroche de la poulie et la fait glisser

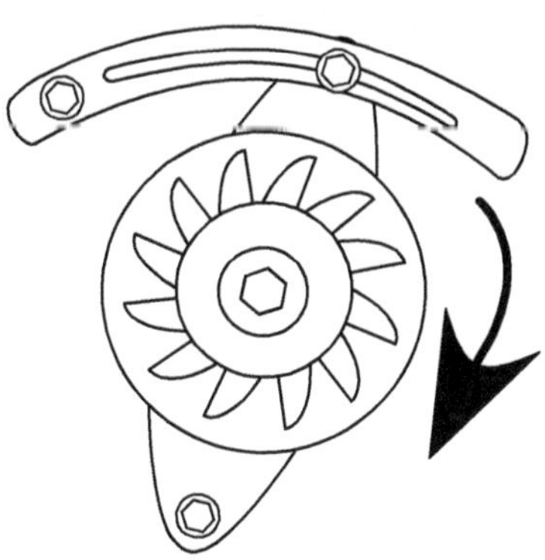

la poulie et son hélice doivent tourner librement quand la courroie est enlevée

si la poulie ne tourne pas librement, cela indique des roulements abîmés

remplacer la poulie

chercher la cause – vérifier l'alignement

Inspection de l'accouplement d'arbre

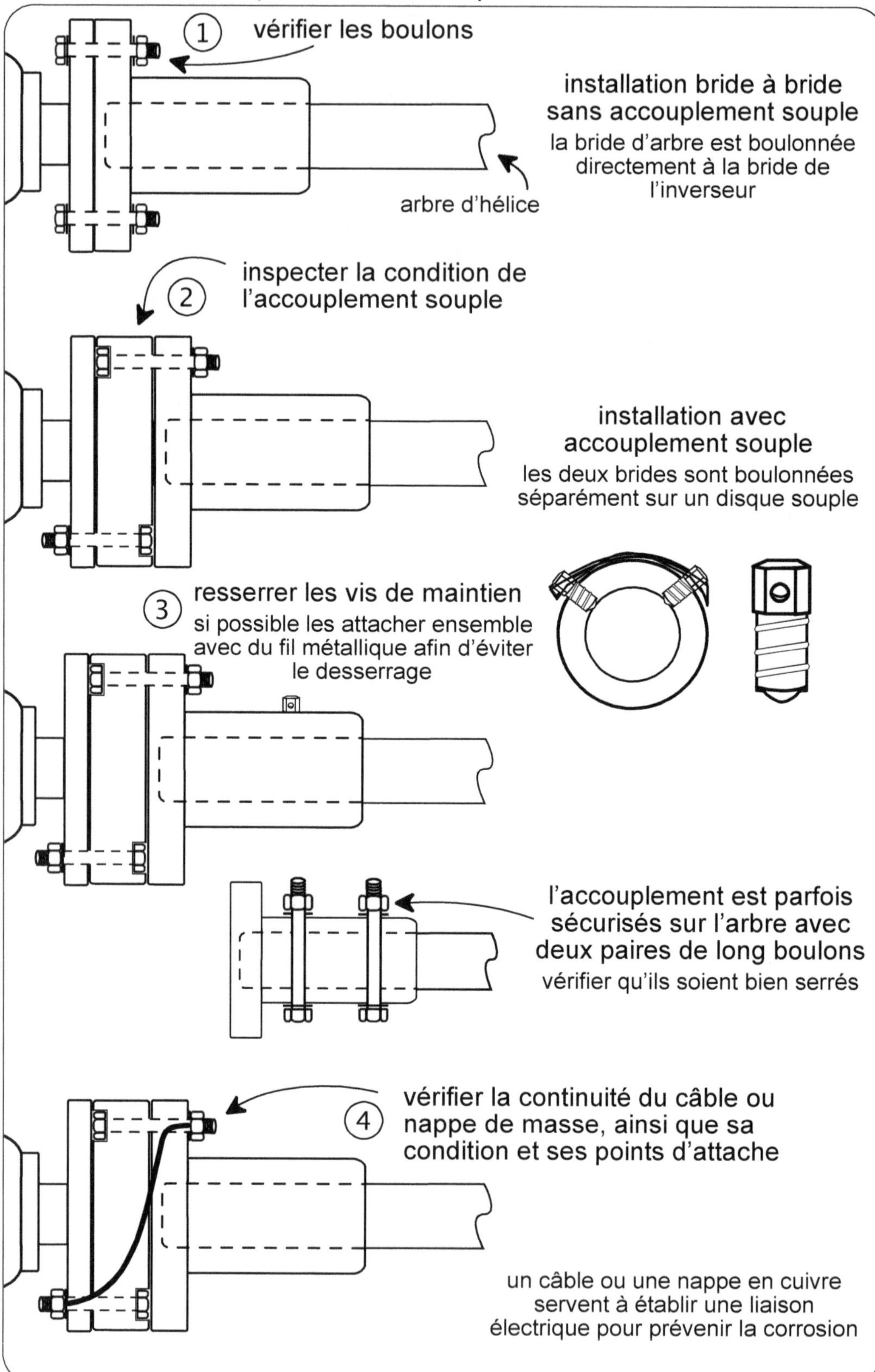

Inspection de l'arbre d'hélice

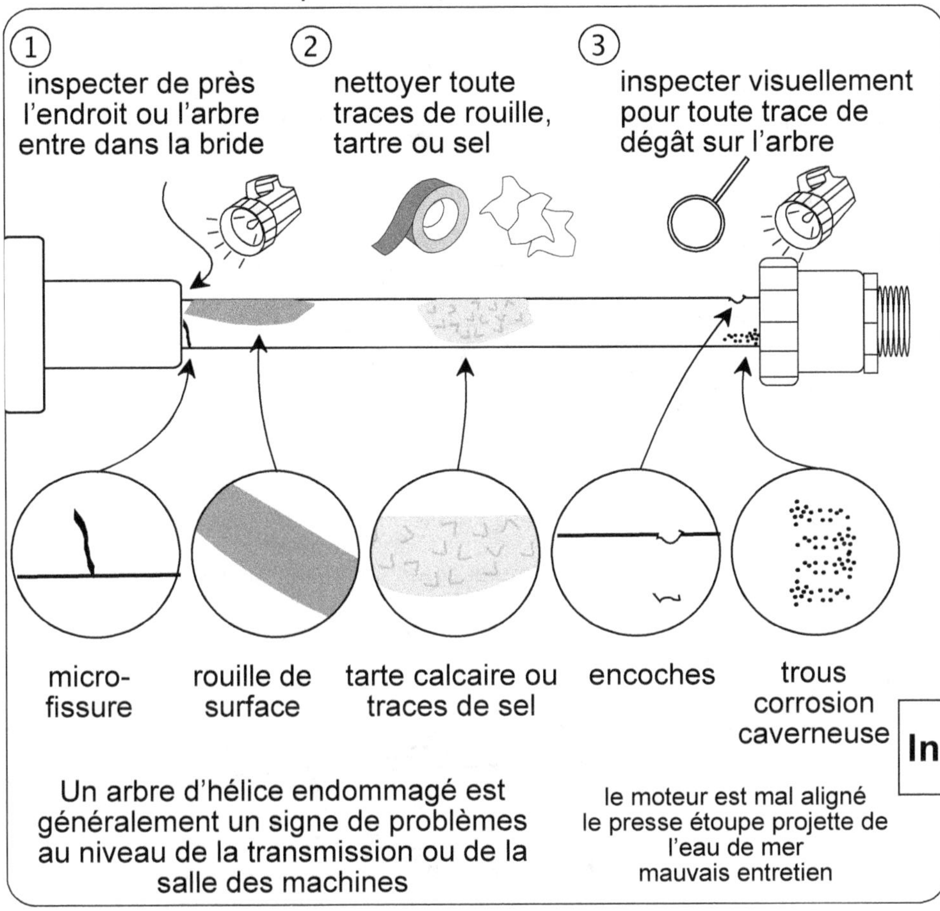

Inspection de tension de courroie

pousser fermement le milieu de la courroie avec le doigt

distance entre les poulies		déviation de la courroie	
cm	**pouces**	**mm**	**fraction**
30	12	2 mm	3/16"
35	14	5 mm	1/4"
40	16	6.5 mm	1/4"
45	18	7.5 mm	9/32"

Inspection des joint d'arbre d'hélice

<u>un soufflet en caoutchouc endommagé peut couler le bateau</u>!

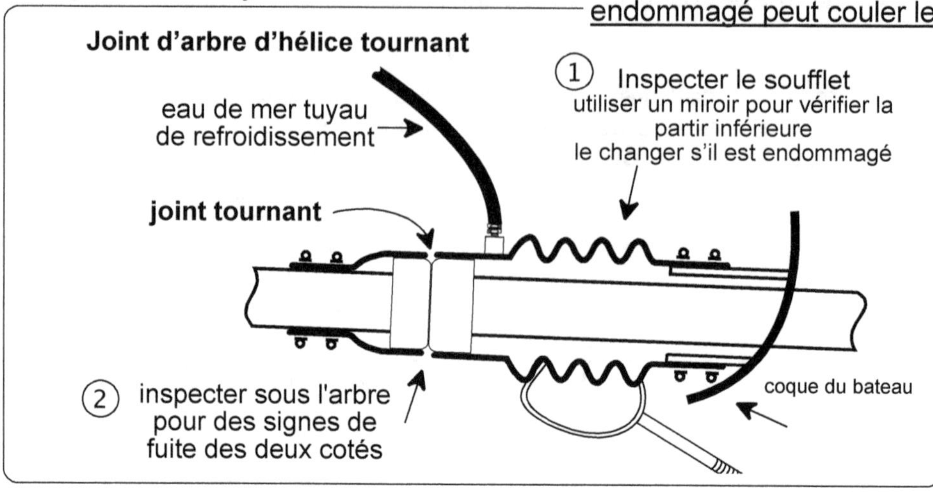

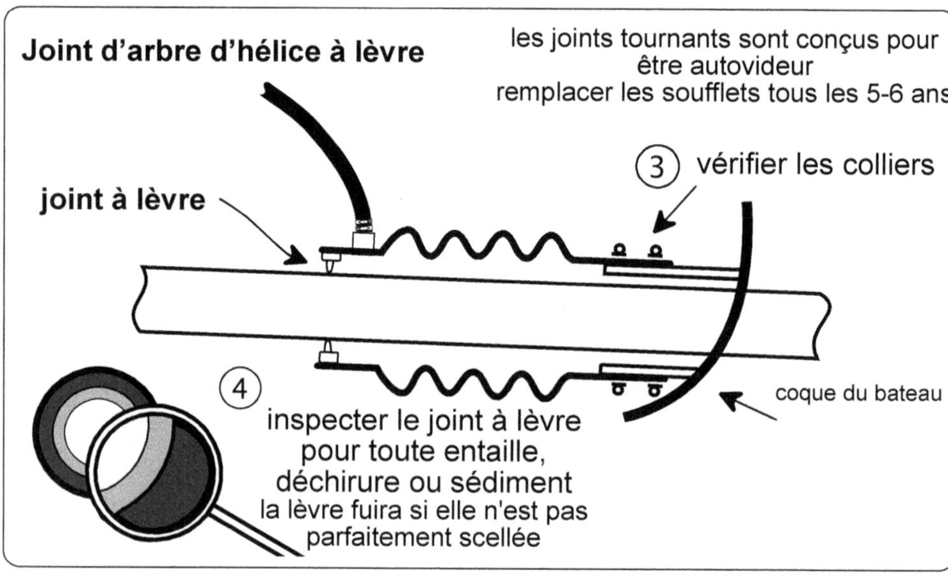

Inspecter la durite d'un presse étoupe traditionnel

<u>une panne de cette durite peut faire couler le bateau</u>!

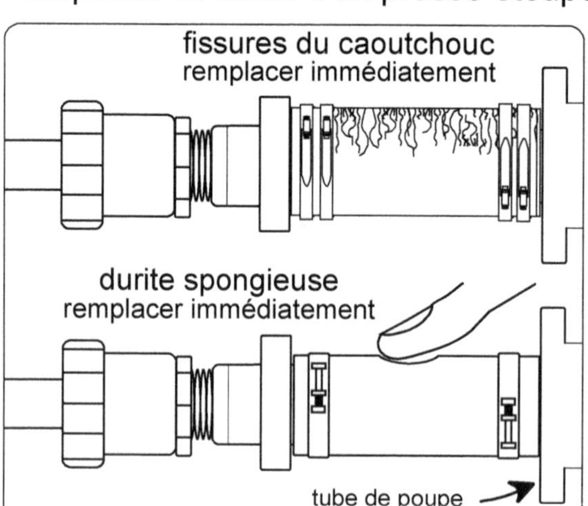

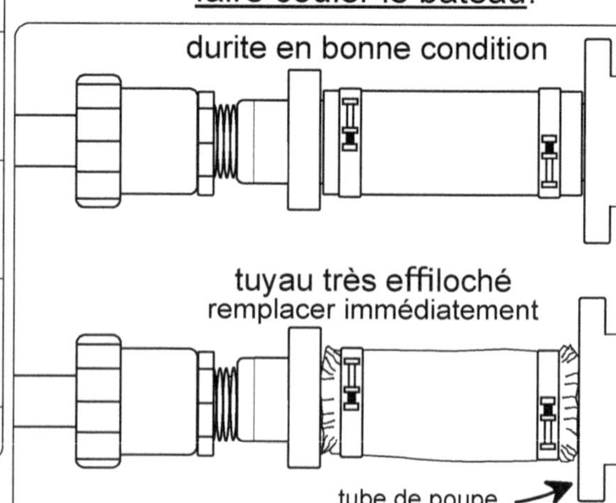

Inspection de la bague hydrolube

(1)

essayez de bouger l'arbre d'hélice d'un côté à l'autre et de haut en bas
un jeu indique une usure excessive qui peut causer des vibrations dommageables

vérifier attentivement qu'il n'y ai pas un jour entre la bague et l'arbre qui indiquerait une usure excessive, un arbre mal aligné voir un arbre ou une chaise d'arbre tordus

(2)

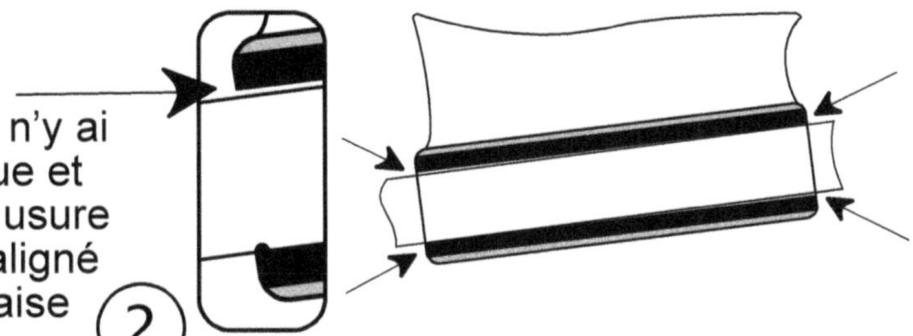

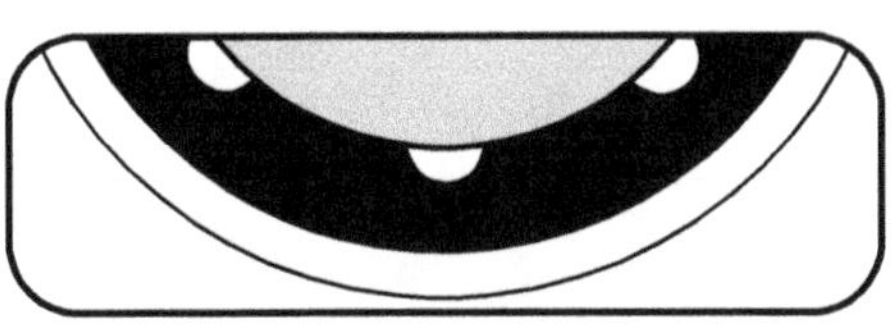

normal

une nouvelle bague a un écart minimal à peine perceptible

excessif

une bague usée permet à l'arbre d'hélice de bouger – l'arbre ne parait pas bien en place

déchirement

remplacer la bague hydrolube si le caoutchouc est déchiré une bague abîmée causera des vibrations

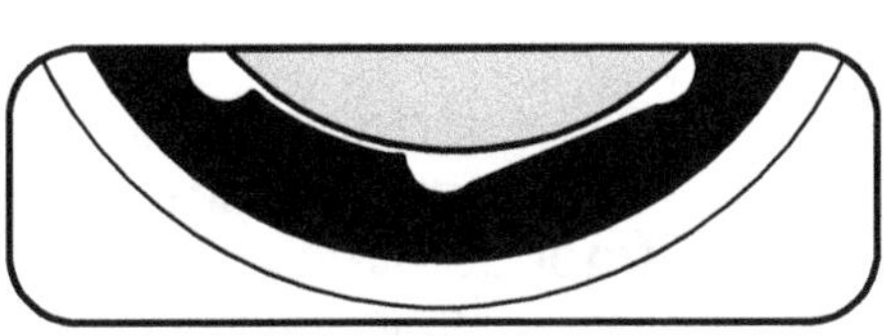

partie manquante

remplacer la bague hydrolube s'il manque du caoutchouc une bague abîmée causera des vibrations

Inspection de la chaise d'arbre

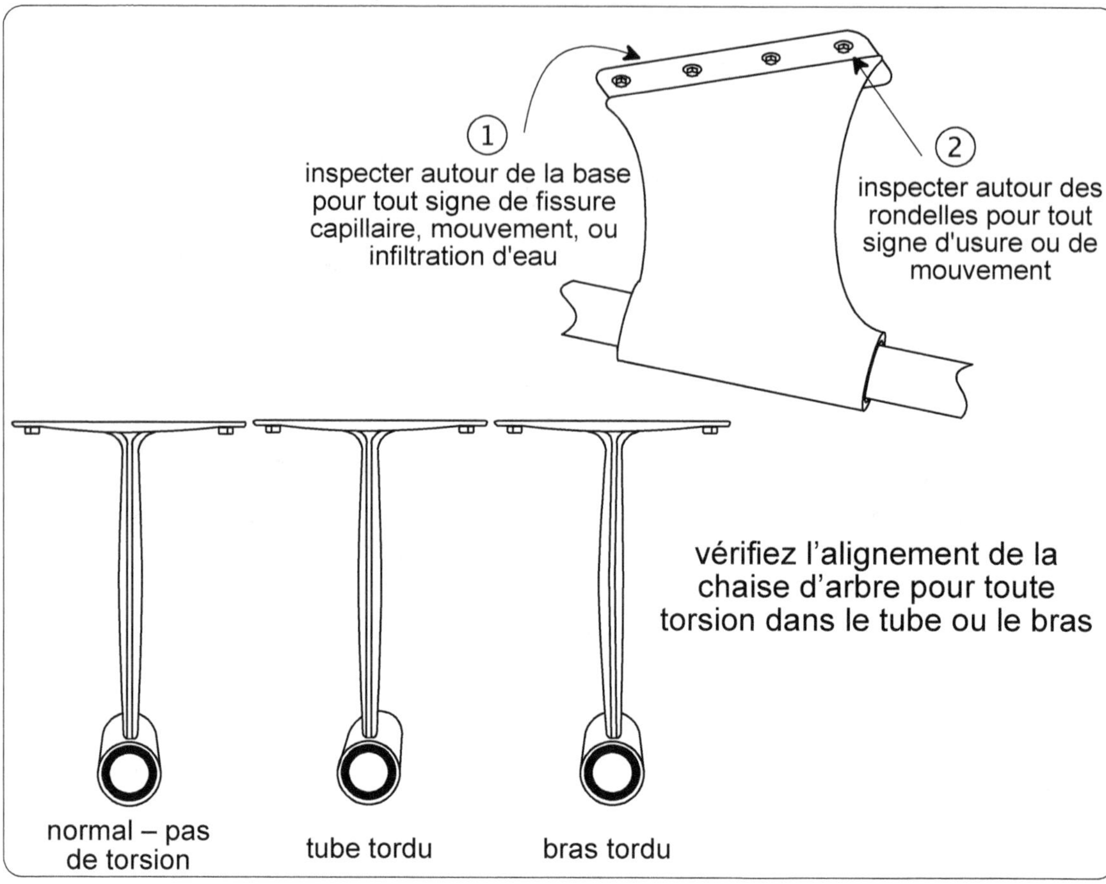

Inspection de l'hélice

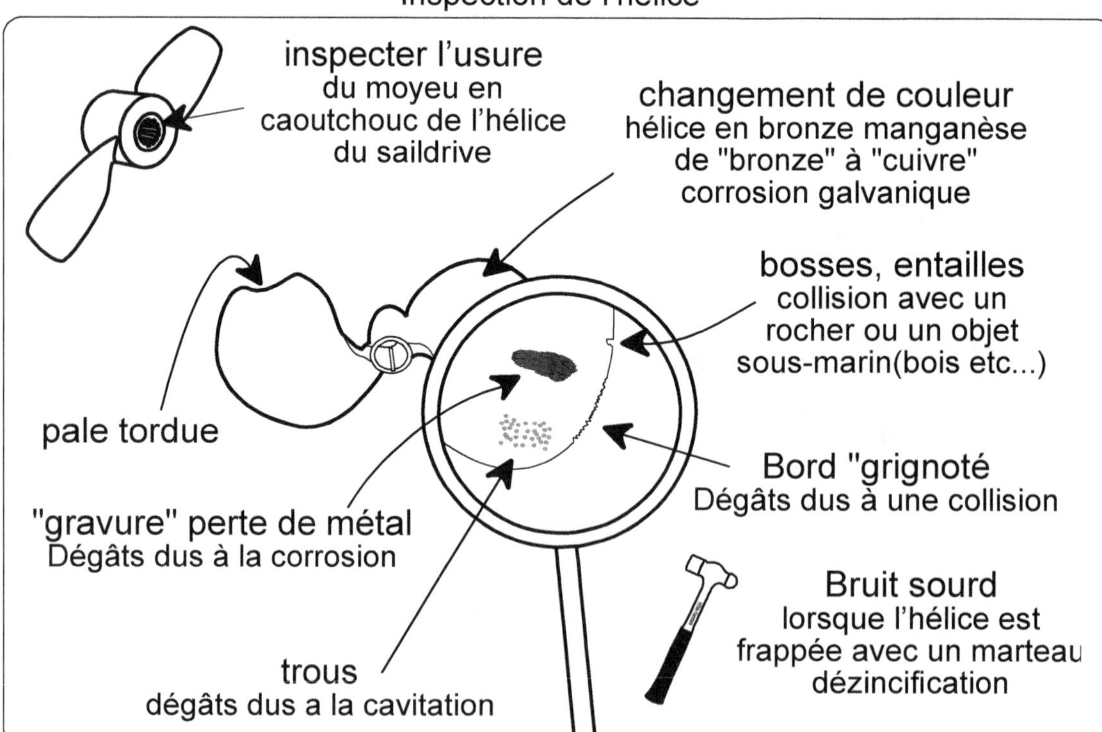

Saildrive - Inspection de la bague d'étanchéité en caoutchouc intérieure et de l'alarme du capteur d'eau

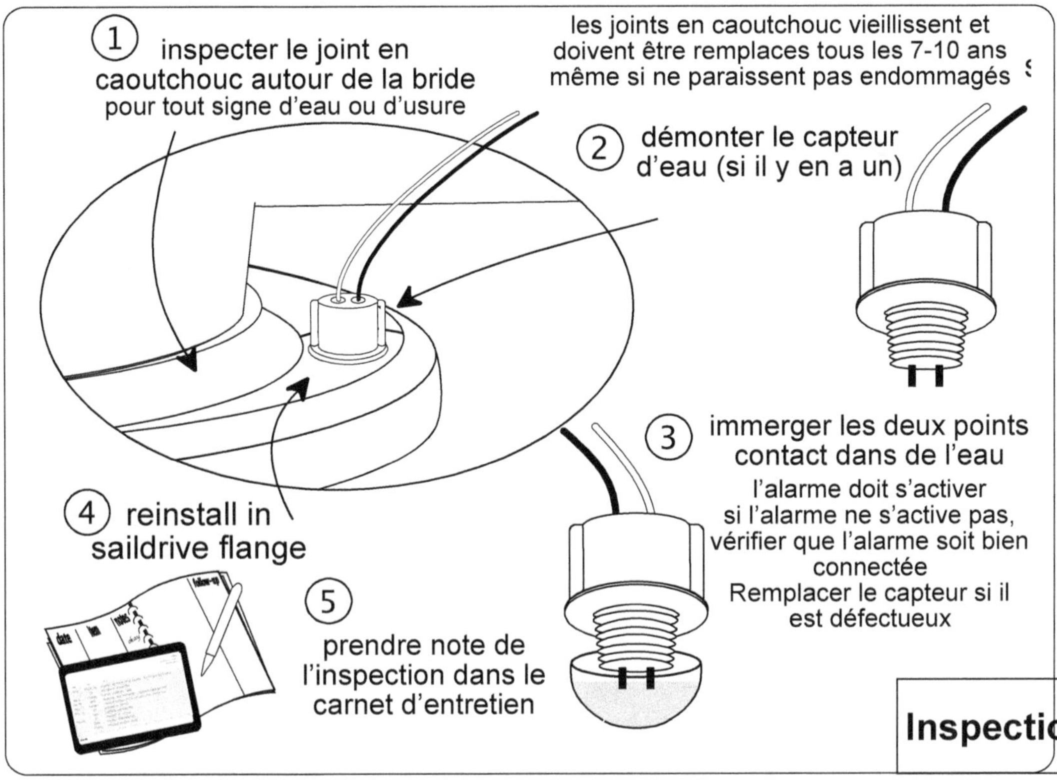

Inspections

Joint étanche (anneau d'étanchéité en caoutchouc intérieur, gaine, poche, membrane d'étanchéité)

Une double membrane en caoutchouc (gaine), entre les parties supérieure et inférieure d'un saildrive (où il traverse la coque) empêche l'eau de pénétrer dans le bateau ; cependant, une défaillance peut couler le navire. Certains modèles offrent un capteur et une alarme intégrés (ce qui nécessite un système électrique fiable). La gaine doit être remplacée tous les 7 à 10 ans. Il s'agit généralement d'une procédure réservée aux concessionnaires.

Manquer le remplacement de la gaine peut rendre l'assurance du bateau caduque.

Une bride en caoutchouc rectangulaire peut également être "collée" à la coque autour du saildrive pour réduire les turbulences autour de l'ouverture de la coque. Cette gaine extérieure ne fait pas partie du joint étanche (qui se trouve à l'intérieur de la coque du bateau), et de fait n'affecte pas l'étanchéité.

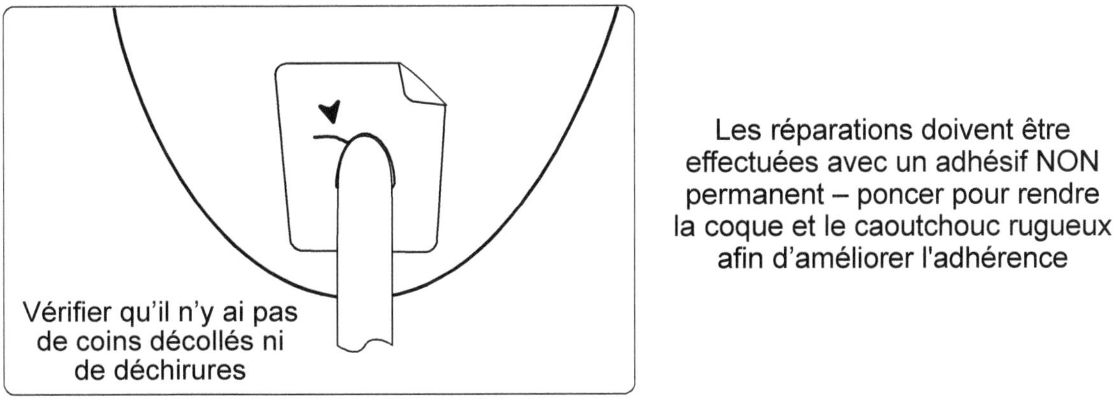

Entrées du carnet d'entretien

Date originale : ______________________________

date	**objet**	**commentaires**

date	objet	commentaires

date	objet	commentaires

date	objet	commentaires

date	objet	commentaires

date	objet	commentaires

date	objet	commentaires

date	objet	commentaires

date	objet	commentaires

date	objet	commentaires

date	objet	commentaires

date	objet	commentaires

date	objet	commentaires

date	objet	commentaires

date	objet	commentaires

date	objet	commentaires

date	objet	commentaires

date	objet	commentaires

date	objet	commentaires

date	objet	commentaires

date	objet	commentaires

date	objet	commentaires

date	objet	commentaires

date	objet	commentaires

date	objet	commentaires

date	objet	commentaires

date	objet	commentaires

date	objet	commentaires

date	objet	commentaires

date	objet	commentaires

date	objet	commentaires

date	objet	commentaires

date	objet	commentaires

date	objet	commentaires

date	objet	commentaires

date	objet	commentaires

date	objet	commentaires

date	objet	commentaires

date	objet	commentaires

date	objet	commentaires

date	objet	commentaires

date	objet	commentaires

date	objet	commentaires

date	objet	commentaires

date	objet	commentaires

date	objet	commentaires

date	objet	commentaires

date	objet	commentaires

date	objet	commentaires

date	objet	commentaires

date	objet	commentaires

date	objet	commentaires

date	objet	commentaires

date	objet	commentaires

date	objet	commentaires

date	objet	commentaires

date	objet	commentaires

date	objet	commentaires

date	objet	commentaires

date	objet	commentaires

date	objet	commentaires

date	objet	commentaires

date	objet	commentaires

date	objet	commentaires

date	objet	commentaires

date	objet	commentaires

date	objet	commentaires

date	objet	commentaires

date	objet	commentaires

date	objet	commentaires

date	objet	commentaires

date	objet	commentaires

date	objet	commentaires

date	objet	commentaires

date	objet	commentaires

date	objet	commentaires

date	objet	commentaires

date	objet	commentaires

date	objet	commentaires

date	objet	commentaires

date	objet	commentaires

date	objet	commentaires

date	objet	commentaires

date	objet	commentaires

date	objet	commentaires

date	objet	commentaires

date	objet	commentaires

date	objet	commentaires

date	objet	commentaires

date	objet	commentaires

date	objet	commentaires

date	objet	commentaires

date	objet	commentaires

date	objet	commentaires

date	objet	commentaires

date	objet	commentaires

date	objet	commentaires

date	objet	commentaires

date	objet	commentaires

date	objet	commentaires

Date finale ____________________

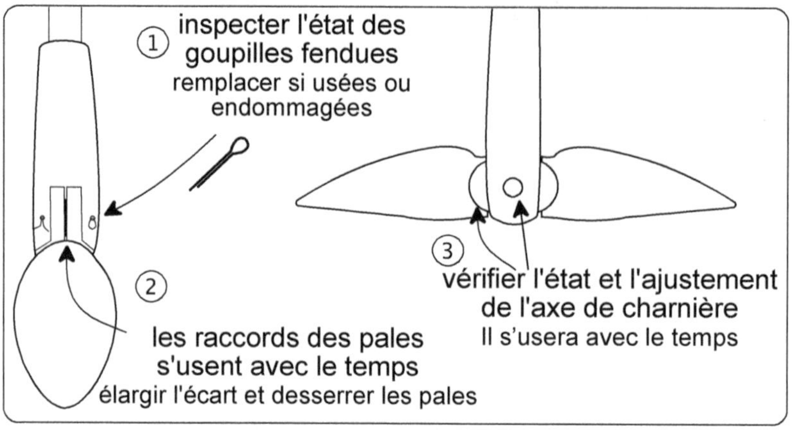

Inspection d'une hélice repliable

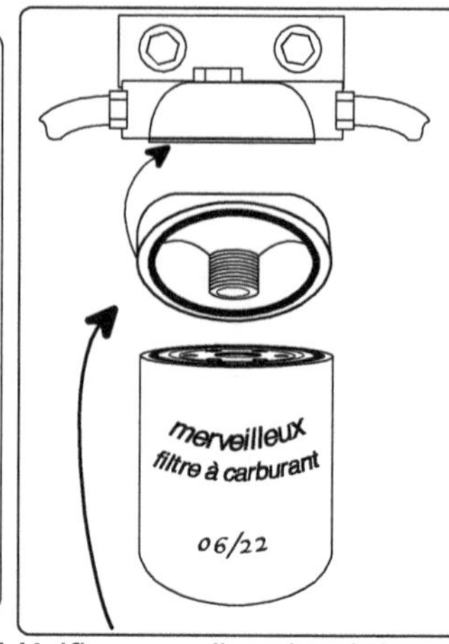

Vérifiez que l'ancien joint ai été retiré - filtre à carburant secondaire vissable

Journal de carburant diesel 155
Vidanges huile moteur 162
Vidanges de liquide de transmission 166
Changements des filtre à fuel primaires 168
Changements des filtre à fuel secondaires 170
Inspection et changement de turbine de pompe à eau de mer 172
Vidange et appoints de liquide de refroidissement/antigel 174
Bateau – Inspections et changements de toutes les anodes 176
Vidanges de saildrive 178
Saildrives – Inspections et changements des joints en caoutchouc 180
Autre équipement 182
Résumés – commentaires 184

Certaines pompes à injection ont aussi des jauges à contrôler

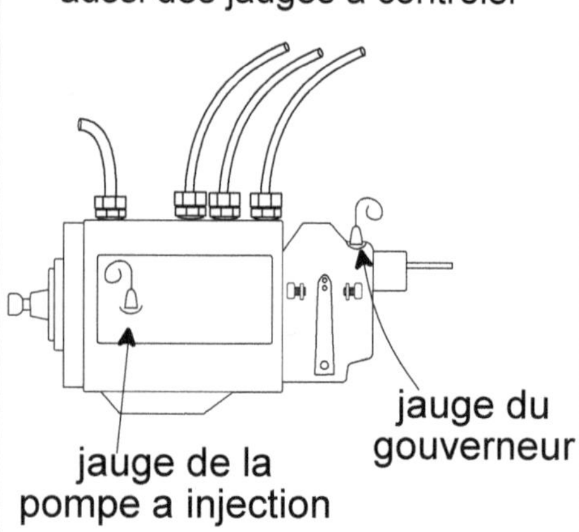

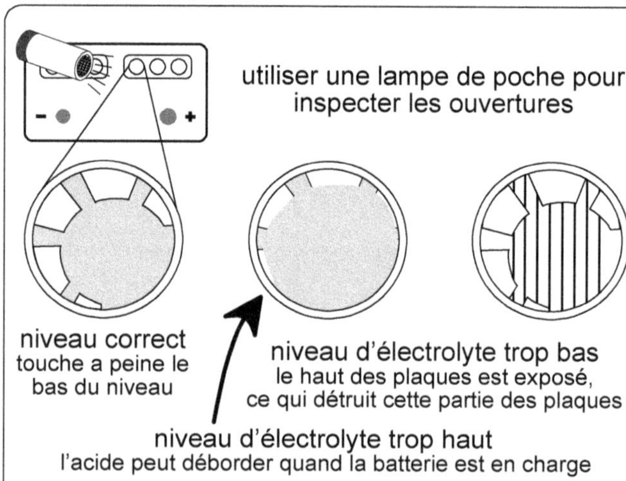

Vérifier le niveau d'électrolyte dans les batteries à cellules humides ouvertes

Journal de carburant diesel

date	h/moteur	réservoir n°	pré-filtrage O / N	page
fuel dans le réservoir L	fuel ajouté L	qté totale dans le réservoir L		
date	h/moteur	réservoir n°	pré-filtrage O / N	page
fuel dans le réservoir L	fuel ajouté L	qté totale dans le réservoir L		
date	h/moteur	réservoir n°	pré-filtrage O / N	page
fuel dans le réservoir L	fuel ajouté L	qté totale dans le réservoir L		
date	h/moteur	réservoir n°	pré-filtrage O / N	page
fuel dans le réservoir L	fuel ajouté L	qté totale dans le réservoir L		
date	h/moteur	réservoir n°	pré-filtrage O / N	page
fuel dans le réservoir L	fuel ajouté L	qté totale dans le réservoir L		
date	h/moteur	réservoir n°	pré-filtrage O / N	page
fuel dans le réservoir L	fuel ajouté L	qté totale dans le réservoir L		

h/moteur – heures moteur

pré-filtrage – préfiltré à l'aide d'un entonnoir de filtre à carburant

O / N – oui / non

page – voir l'entrée dans le Carnet d/entretien

L – Litres

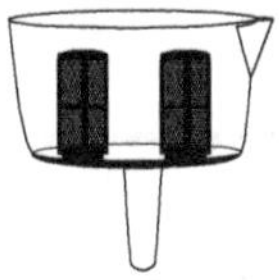

entonnoir à filtre

date	h/moteur	réservoir n°	pré-filtrage O / N	page
fuel dans le réservoir L	fuel ajouté L	qté totale dans le réservoir L		
date	h/moteur	réservoir n°	pré-filtrage O / N	page
fuel dans le réservoir L	fuel ajouté L	qté totale dans le réservoir L		
date	h/moteur	réservoir n°	pré-filtrage O / N	page
fuel dans le réservoir L	fuel ajouté L	qté totale dans le réservoir L		
date	h/moteur	réservoir n°	pré-filtrage O / N	page
fuel dans le réservoir L	fuel ajouté L	qté totale dans le réservoir L		

Journal de carburant diesel

Commentaires : ______________________________

____

date	h/moteur	réservoir n°	pré-filtrage O / N	page
fuel dans le réservoir L	fuel ajouté L	qté totale dans le réservoir L		
date	h/moteur	réservoir n°	pré-filtrage O / N	page
fuel dans le réservoir L	fuel ajouté L	qté totale dans le réservoir L		
date	h/moteur	réservoir n°	pré-filtrage O / N	page
fuel dans le réservoir L	fuel ajouté L	qté totale dans le réservoir L		
date	h/moteur	réservoir n°	pré-filtrage O / N	page
fuel dans le réservoir L	fuel ajouté L	qté totale dans le réservoir L		
date	h/moteur	réservoir n°	pré-filtrage O / N	page
fuel dans le réservoir L	fuel ajouté L	qté totale dans le réservoir L		
date	h/moteur	réservoir n°	pré-filtrage O / N	page
fuel dans le réservoir L	fuel ajouté L	qté totale dans le réservoir L		
date	h/moteur	réservoir n°	pré-filtrage O / N	page
fuel dans le réservoir L	fuel ajouté L	qté totale dans le réservoir L		
date	h/moteur	réservoir n°	pré-filtrage O / N	page
fuel dans le réservoir L	fuel ajouté L	qté totale dans le réservoir L		
date	h/moteur	réservoir n°	pré-filtrage O / N	page
fuel dans le réservoir L	fuel ajouté L	qté totale dans le réservoir L		
date	h/moteur	réservoir n°	pré-filtrage O / N	page
fuel dans le réservoir L	fuel ajouté L	qté totale dans le réservoir L		

Journal de carburant diesel

date	h/moteur	réservoir n°	pré-filtrage O / N	page
fuel dans le réservoir L	fuel ajouté L	qté totale dans le réservoir L		
date	h/moteur	réservoir n°	pré-filtrage O / N	page
fuel dans le réservoir L	fuel ajouté L	qté totale dans le réservoir L		
date	h/moteur	réservoir n°	pré-filtrage O / N	page
fuel dans le réservoir L	fuel ajouté L	qté totale dans le réservoir L		
date	h/moteur	réservoir n°	pré-filtrage O / N	page
fuel dans le réservoir L	fuel ajouté L	qté totale dans le réservoir L		
date	h/moteur	réservoir n°	pré-filtrage O / N	page
fuel dans le réservoir L	fuel ajouté L	qté totale dans le réservoir L		
date	h/moteur	réservoir n°	pré-filtrage O / N	page
fuel dans le réservoir L	fuel ajouté L	qté totale dans le réservoir L		

h/moteur – heures moteur
pré-filtrage – préfiltré à l'aide d'un entonnoir de filtre à carburant
O / N – oui / non
page – voir l'entrée dans le Carnet d/entretien
L – Litres

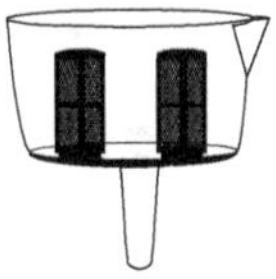

entonnoir à filtre

Résumés

date	h/moteur	réservoir n°	pré-filtrage O / N	page
fuel dans le réservoir L	fuel ajouté L	qté totale dans le réservoir L		
date	h/moteur	réservoir n°	pré-filtrage O / N	page
fuel dans le réservoir L	fuel ajouté L	qté totale dans le réservoir L		
date	h/moteur	réservoir n°	pré-filtrage O / N	page
fuel dans le réservoir L	fuel ajouté L	qté totale dans le réservoir L		
date	h/moteur	réservoir n°	pré-filtrage O / N	page
fuel dans le réservoir L	fuel ajouté L	qté totale dans le réservoir L		

Journal de carburant diesel

Commentaires : ____

____

date	h/moteur	réservoir n°	pré-filtrage O / N	page
fuel dans le réservoir L	fuel ajouté L	qté totale dans le réservoir L		
date	h/moteur	réservoir n°	pré-filtrage O / N	page
fuel dans le réservoir L	fuel ajouté L	qté totale dans le réservoir L		
date	h/moteur	réservoir n°	pré-filtrage O / N	page
fuel dans le réservoir L	fuel ajouté L	qté totale dans le réservoir L		
date	h/moteur	réservoir n°	pré-filtrage O / N	page
fuel dans le réservoir L	fuel ajouté L	qté totale dans le réservoir L		
date	h/moteur	réservoir n°	pré-filtrage O / N	page
fuel dans le réservoir L	fuel ajouté L	qté totale dans le réservoir L		
date	h/moteur	réservoir n°	pré-filtrage O / N	page
fuel dans le réservoir L	fuel ajouté L	qté totale dans le réservoir L		
date	h/moteur	réservoir n°	pré-filtrage O / N	page
fuel dans le réservoir L	fuel ajouté L	qté totale dans le réservoir L		
date	h/moteur	réservoir n°	pré-filtrage O / N	page
fuel dans le réservoir L	fuel ajouté L	qté totale dans le réservoir L		
date	h/moteur	réservoir n°	pré-filtrage O / N	page
fuel dans le réservoir L	fuel ajouté L	qté totale dans le réservoir L		
date	h/moteur	réservoir n°	pré-filtrage O / N	page
fuel dans le réservoir L	fuel ajouté L	qté totale dans le réservoir L		
date	h/moteur	réservoir n°	pré-filtrage O / N	page
fuel dans le réservoir L	fuel ajouté L	qté totale dans le réservoir L		

Journal de carburant diesel

date	h/moteur	réservoir n°	pré-filtrage O / N	page
fuel dans le réservoir L	fuel ajouté L	qté totale dans le réservoir L		
date	h/moteur	réservoir n°	pré-filtrage O / N	page
fuel dans le réservoir L	fuel ajouté L	qté totale dans le réservoir L		
date	h/moteur	réservoir n°	pré-filtrage O / N	page
fuel dans le réservoir L	fuel ajouté L	qté totale dans le réservoir L		
date	h/moteur	réservoir n°	pré-filtrage O / N	page
fuel dans le réservoir L	fuel ajouté L	qté totale dans le réservoir L		
date	h/moteur	réservoir n°	pré-filtrage O / N	page
fuel dans le réservoir L	fuel ajouté L	qté totale dans le réservoir L		
date	h/moteur	réservoir n°	pré-filtrage O / N	page
fuel dans le réservoir L	fuel ajouté L	qté totale dans le réservoir L		

h/moteur – heures moteur
pré-filtrage – préfiltré à l'aide d'un entonnoir de filtre à carburant
O / N – oui / non
page – voir l'entrée dans le Carnet d/entretien
L – Litres

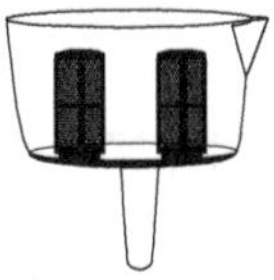

entonnoir à filtre

Résumés

date	h/moteur	réservoir n°	pré-filtrage O / N	page
fuel dans le réservoir L	fuel ajouté L	qté totale dans le réservoir L		
date	h/moteur	réservoir n°	pré-filtrage O / N	page
fuel dans le réservoir L	fuel ajouté L	qté totale dans le réservoir L		
date	h/moteur	réservoir n°	pré-filtrage O / N	page
fuel dans le réservoir L	fuel ajouté L	qté totale dans le réservoir L		
date	h/moteur	réservoir n°	pré-filtrage O / N	page
fuel dans le réservoir L	fuel ajouté L	qté totale dans le réservoir L		

Journal de carburant diesel

Commentaires : ____

____

date	h/moteur	réservoir n°	pré-filtrage O / N	page
fuel dans le réservoir L	fuel ajouté L	qté totale dans le réservoir L		
date	h/moteur	réservoir n°	pré-filtrage O / N	page
fuel dans le réservoir L	fuel ajouté L	qté totale dans le réservoir L		
date	h/moteur	réservoir n°	pré-filtrage O / N	page
fuel dans le réservoir L	fuel ajouté L	qté totale dans le réservoir L		
date	h/moteur	réservoir n°	pré-filtrage O / N	page
fuel dans le réservoir L	fuel ajouté L	qté totale dans le réservoir L		
date	h/moteur	réservoir n°	pré-filtrage O / N	page
fuel dans le réservoir L	fuel ajouté L	qté totale dans le réservoir L		
date	h/moteur	réservoir n°	pré-filtrage O / N	page
fuel dans le réservoir L	fuel ajouté L	qté totale dans le réservoir L		
date	h/moteur	réservoir n°	pré-filtrage O / N	page
fuel dans le réservoir L	fuel ajouté L	qté totale dans le réservoir L		
date	h/moteur	réservoir n°	pré-filtrage O / N	page
fuel dans le réservoir L	fuel ajouté L	qté totale dans le réservoir L		
date	h/moteur	réservoir n°	pré-filtrage O / N	page
fuel dans le réservoir L	fuel ajouté L	qté totale dans le réservoir L		
date	h/moteur	réservoir n°	pré-filtrage O / N	page
fuel dans le réservoir L	fuel ajouté L	qté totale dans le réservoir L		
date	h/moteur	réservoir n°	pré-filtrage O / N	page
fuel dans le réservoir L	fuel ajouté L	qté totale dans le réservoir L		

Journal de carburant diesel

date	h/moteur	réservoir n°	pré-filtrage O / N	page
fuel dans le réservoir L	fuel ajouté L	qté totale dans le réservoir L		
date	h/moteur	réservoir n°	pré-filtrage O / N	page
fuel dans le réservoir L	fuel ajouté L	qté totale dans le réservoir L		
date	h/moteur	réservoir n°	pré-filtrage O / N	page
fuel dans le réservoir L	fuel ajouté L	qté totale dans le réservoir L		
date	h/moteur	réservoir n°	pré-filtrage O / N	page
fuel dans le réservoir L	fuel ajouté L	qté totale dans le réservoir L		
date	h/moteur	réservoir n°	pré-filtrage O / N	page
fuel dans le réservoir L	fuel ajouté L	qté totale dans le réservoir L		
date	h/moteur	réservoir n°	pré-filtrage O / N	page
fuel dans le réservoir L	fuel ajouté L	qté totale dans le réservoir L		

h/moteur – heures moteur
pré-filtrage – préfiltré à l'aide d'un entonnoir de filtre à carburant
O / N – oui / non
page – voir l'entrée dans le Carnet d/entretien
L – Litres

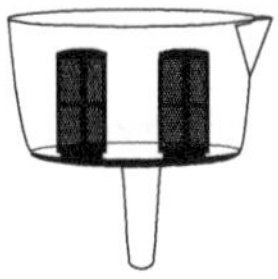

entonnoir à filtre

date	h/moteur	réservoir n°	pré-filtrage O / N	page
fuel dans le réservoir L	fuel ajouté L	qté totale dans le réservoir L		
date	h/moteur	réservoir n°	pré-filtrage O / N	page
fuel dans le réservoir L	fuel ajouté L	qté totale dans le réservoir L		
date	h/moteur	réservoir n°	pré-filtrage O / N	page
fuel dans le réservoir L	fuel ajouté L	qté totale dans le réservoir L		
date	h/moteur	réservoir n°	pré-filtrage O / N	page
fuel dans le réservoir L	fuel ajouté L	qté totale dans le réservoir L		

Vidanges huile moteur

Commentaires : ____

____

date	h/moteur	# de filtre	page
huile vidangée L	huile ajoutée L	marque et grade de l'huile	
date	h/moteur	# de filtre	page
huile vidangée L	huile ajoutée L	marque et grade de l'huile	
date	h/moteur	# de filtre	page
huile vidangée L	huile ajoutée L	marque et grade de l'huile	
date	h/moteur	# de filtre	page
huile vidangée L	huile ajoutée L	marque et grade de l'huile	
date	h/moteur	# de filtre	page
huile vidangée L	huile ajoutée L	marque et grade de l'huile	
date	h/moteur	# de filtre	page
huile vidangée L	huile ajoutée L	marque et grade de l'huile	
date	h/moteur	# de filtre	page
huile vidangée L	huile ajoutée L	marque et grade de l'huile	
date	h/moteur	# de filtre	page
huile vidangée L	huile ajoutée L	marque et grade de l'huile	
date	h/moteur	# de filtre	page
huile vidangée L	huile ajoutée L	marque et grade de l'huile	
date	h/moteur	# de filtre	page
huile vidangée L	huile ajoutée L	marque et grade de l'huile	
date	h/moteur	# de filtre	page
huile vidangée L	huile ajoutée L	marque et grade de l'huile	

Vidanges huile moteur

date	h/moteur	# de filtre	page
huile vidangée L	huile ajoutée L	marque et grade de l'huile	
date	h/moteur	# de filtre	page
huile vidangée L	huile ajoutée L	marque et grade de l'huile	
date	h/moteur	# de filtre	page
huile vidangée L	huile ajoutée L	marque et grade de l'huile	
date	h/moteur	# de filtre	page
huile vidangée L	huile ajoutée L	marque et grade de l'huile	
date	h/moteur	# de filtre	page
huile vidangée L	huile ajoutée L	marque et grade de l'huile	
date	h/moteur	# de filtre	page
huile vidangée L	huile ajoutée L	marque et grade de l'huile	

h/moteur – heures moteur
page – voir la page sur le carnet d'entretien
L – Litres

date	h/moteur	# de filtre	page
huile vidangée L	huile ajoutée L	marque et grade de l'huile	
date	h/moteur	# de filtre	page
huile vidangée L	huile ajoutée L	marque et grade de l'huile	
date	h/moteur	# de filtre	page
huile vidangée L	huile ajoutée L	marque et grade de l'huile	
date	h/moteur	# de filtre	page
huile vidangée L	huile ajoutée L	marque et grade de l'huile	

Vidanges huile moteur

Commentaires : ____

date	h/moteur	# de filtre	page
huile vidangée L	huile ajoutée L	marque et grade de l'huile	
date	h/moteur	# de filtre	page
huile vidangée L	huile ajoutée L	marque et grade de l'huile	
date	h/moteur	# de filtre	page
huile vidangée L	huile ajoutée L	marque et grade de l'huile	
date	h/moteur	# de filtre	page
huile vidangée L	huile ajoutée L	marque et grade de l'huile	
date	h/moteur	# de filtre	page
huile vidangée L	huile ajoutée L	marque et grade de l'huile	
date	h/moteur	# de filtre	page
huile vidangée L	huile ajoutée L	marque et grade de l'huile	
date	h/moteur	# de filtre	page
huile vidangée L	huile ajoutée L	marque et grade de l'huile	
date	h/moteur	# de filtre	page
huile vidangée L	huile ajoutée L	marque et grade de l'huile	
date	h/moteur	# de filtre	page
huile vidangée L	huile ajoutée L	marque et grade de l'huile	
date	h/moteur	# de filtre	page
huile vidangée L	huile ajoutée L	marque et grade de l'huile	
date	h/moteur	# de filtre	page
huile vidangée L	huile ajoutée L	marque et grade de l'huile	

Vidanges huile moteur

date	h/moteur	# de filtre	page
huile vidangée L	huile ajoutée L	marque et grade de l'huile	
date	h/moteur	# de filtre	page
huile vidangée L	huile ajoutée L	marque et grade de l'huile	
date	h/moteur	# de filtre	page
huile vidangée L	huile ajoutée L	marque et grade de l'huile	
date	h/moteur	# de filtre	page
huile vidangée L	huile ajoutée L	marque et grade de l'huile	
date	h/moteur	# de filtre	page
huile vidangée L	huile ajoutée L	marque et grade de l'huile	
date	h/moteur	# de filtre	page
huile vidangée L	huile ajoutée L	marque et grade de l'huile	

h/moteur – heures moteur
page – voir la page sur le carnet d'entretien
L – Litres

Résumés

date	h/moteur	# de filtre	page
huile vidangée L	huile ajoutée L	marque et grade de l'huile	
date	h/moteur	# de filtre	page
huile vidangée L	huile ajoutée L	marque et grade de l'huile	
date	h/moteur	# de filtre	page
huile vidangée L	huile ajoutée L	marque et grade de l'huile	
date	h/moteur	# de filtre	page
huile vidangée L	huile ajoutée L	marque et grade de l'huile	

Vidanges de liquide de transmission*

Commentaires : ____

____

date	h/moteur	coleur de ATF	page
ATF vidangée L	ATF ajoutée L	marque et type d'ATF	
date	h/moteur	coleur de ATF	page
ATF vidangée L	ATF ajoutée L	marque et type d'ATF	
date	h/moteur	coleur de ATF	page
ATF vidangée L	ATF ajoutée L	marque et type d'ATF	
date	h/moteur	coleur de ATF	page
ATF vidangée L	ATF ajoutée L	marque et type d'ATF	
date	h/moteur	coleur de ATF	page
ATF vidangée L	ATF ajoutée L	marque et type d'ATF	
date	h/moteur	coleur de ATF	page
ATF vidangée L	ATF ajoutée L	marque et type d'ATF	
date	h/moteur	coleur de ATF	page
ATF vidangée L	ATF ajoutée L	marque et type d'ATF	
date	h/moteur	coleur de ATF	page
ATF vidangée L	ATF ajoutée L	marque et type d'ATF	
date	h/moteur	coleur de ATF	page
ATF vidangée L	ATF ajoutée L	marque et type d'ATF	
date	h/moteur	coleur de ATF	page
ATF vidangée L	ATF ajoutée L	marque et type d'ATF	

Vidanges de liquide de transmission*

date	h/moteur	coleur de ATF	page
ATF vidangée L	ATF ajoutée L	marque et type d'ATF	
date	h/moteur	coleur de ATF	page
ATF vidangée L	ATF ajoutée L	marque et type d'ATF	
date	h/moteur	coleur de ATF	page
ATF vidangée L	ATF ajoutée L	marque et type d'ATF	
date	h/moteur	coleur de ATF	page
ATF vidangée L	ATF ajoutée L	marque et type d'ATF	
date	h/moteur	coleur de ATF	page
ATF vidangée L	ATF ajoutée L	marque et type d'ATF	
date	h/moteur	coleur de ATF	page
ATF vidangée L	ATF ajoutée L	marque et type d'ATF	

h/moteur – heures moteur
page – voir la page sur le carnet d'entretien
L – Litres

date	h/moteur	coleur de ATF	page
ATF vidangée L	ATF ajoutée L	marque et type d'ATF	
date	h/moteur	coleur de ATF	page
ATF vidangée L	ATF ajoutée L	marque et type d'ATF	
date	h/moteur	coleur de ATF	page
ATF vidangée L	ATF ajoutée L	marque et type d'ATF	
date	h/moteur	coleur de ATF	page
ATF vidangée L	ATF ajoutée L	marque et type d'ATF	

***ATF ou huile moteur, voir le manuel**

Changements des filtre à fuel primaires

Commentaires : ____

____

date	h/moteur	taille en micron	page
marque et numéro de filtre		état de l'ancien filtre	
date	h/moteur	taille en micron	page
marque et numéro de filtre		état de l'ancien filtre	
date	h/moteur	taille en micron	page
marque et numéro de filtre		état de l'ancien filtre	
date	h/moteur	taille en micron	page
marque et numéro de filtre		état de l'ancien filtre	
date	h/moteur	taille en micron	page
marque et numéro de filtre		état de l'ancien filtre	
date	h/moteur	taille en micron	page
marque et numéro de filtre		état de l'ancien filtre	
date	h/moteur	taille en micron	page
marque et numéro de filtre		état de l'ancien filtre	
date	h/moteur	taille en micron	page
marque et numéro de filtre		état de l'ancien filtre	
date	h/moteur	taille en micron	page
marque et numéro de filtre		état de l'ancien filtre	
date	h/moteur	taille en micron	page
marque et numéro de filtre		état de l'ancien filtre	
date	h/moteur	taille en micron	page
marque et numéro de filtre		état de l'ancien filtre	

Changements des filtre à fuel primaires

date	h/moteur	taille en micron	page
marque et numéro de filtre		état de l'ancien filtre	
date	h/moteur	taille en micron	page
marque et numéro de filtre		état de l'ancien filtre	
date	h/moteur	taille en micron	page
marque et numéro de filtre		état de l'ancien filtre	
date	h/moteur	taille en micron	page
marque et numéro de filtre		état de l'ancien filtre	
date	h/moteur	taille en micron	page
marque et numéro de filtre		état de l'ancien filtre	
date	h/moteur	taille en micron	page
marque et numéro de filtre		état de l'ancien filtre	

h/moteur – heures moteur
page – voir la page sur le carnet d'entretien

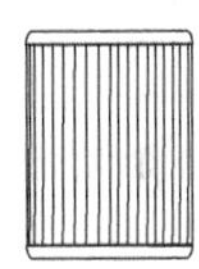

date	h/moteur	taille en micron	page
marque et numéro de filtre		état de l'ancien filtre	
date	h/moteur	taille en micron	page
marque et numéro de filtre		état de l'ancien filtre	
date	h/moteur	taille en micron	page
marque et numéro de filtre		état de l'ancien filtre	
date	h/moteur	taille en micron	page
marque et numéro de filtre		état de l'ancien filtre	

Changements des filtre à fuel secondaires

Commentaires : ____

____

date	h/moteur	taille en micron	page
marque et numéro de filtre		état de l'ancien filtre	
date	h/moteur	taille en micron	page
marque et numéro de filtre		état de l'ancien filtre	
date	h/moteur	taille en micron	page
marque et numéro de filtre		état de l'ancien filtre	
date	h/moteur	taille en micron	page
marque et numéro de filtre		état de l'ancien filtre	
date	h/moteur	taille en micron	page
marque et numéro de filtre		état de l'ancien filtre	
date	h/moteur	taille en micron	page
marque et numéro de filtre		état de l'ancien filtre	
date	h/moteur	taille en micron	page
marque et numéro de filtre		état de l'ancien filtre	
date	h/moteur	taille en micron	page
marque et numéro de filtre		état de l'ancien filtre	
date	h/moteur	taille en micron	page
marque et numéro de filtre		état de l'ancien filtre	
date	h/moteur	taille en micron	page
marque et numéro de filtre		état de l'ancien filtre	
date	h/moteur	taille en micron	page
marque et numéro de filtre		état de l'ancien filtre	

Changements des filtre à fuel secondaires

date	h/moteur	taille en micron	page
marque et numéro de filtre		état de l'ancien filtre	
date	h/moteur	taille en micron	page
marque et numéro de filtre		état de l'ancien filtre	
date	h/moteur	taille en micron	page
marque et numéro de filtre		état de l'ancien filtre	
date	h/moteur	taille en micron	page
marque et numéro de filtre		état de l'ancien filtre	
date	h/moteur	taille en micron	page
marque et numéro de filtre		état de l'ancien filtre	
date	h/moteur	taille en micron	page
marque et numéro de filtre		état de l'ancien filtre	

h/moteur – heures moteur
page – voir la page sur le carnet d'entretien

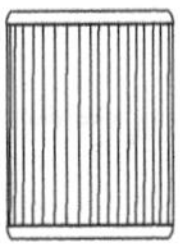

date	h/moteur	taille en micron	page
marque et numéro de filtre		état de l'ancien filtre	
date	h/moteur	taille en micron	page
marque et numéro de filtre		état de l'ancien filtre	
date	h/moteur	taille en micron	page
marque et numéro de filtre		état de l'ancien filtre	
date	h/moteur	taille en micron	page
marque et numéro de filtre		état de l'ancien filtre	

Inspection et changement de turbine de pompe à eau de mer

Commentaires : ____

____

date	h/moteur	turbine changée ? O / N	page
marque et modèle de turbine		état de l'ancienne turbine	
date	h/moteur	turbine changée ? O / N	page
marque et modèle de turbine		état de l'ancienne turbine	
date	h/moteur	turbine changée ? O / N	page
marque et modèle de turbine		état de l'ancienne turbine	
date	h/moteur	turbine changée ? O / N	page
marque et modèle de turbine		état de l'ancienne turbine	
date	h/moteur	turbine changée ? O / N	page
marque et modèle de turbine		état de l'ancienne turbine	
date	h/moteur	turbine changée ? O / N	page
marque et modèle de turbine		état de l'ancienne turbine	
date	h/moteur	turbine changée ? O / N	page
marque et modèle de turbine		état de l'ancienne turbine	
date	h/moteur	turbine changée ? O / N	page
marque et modèle de turbine		état de l'ancienne turbine	
date	h/moteur	turbine changée ? O / N	page
marque et modèle de turbine		état de l'ancienne turbine	
date	h/moteur	turbine changée ? O / N	page
marque et modèle de turbine		état de l'ancienne turbine	
date	h/moteur	turbine changée ? O / N	page
marque et modèle de turbine		état de l'ancienne turbine	

Inspection et changement de turbine de pompe à eau de mer

date	h/moteur	turbine changée ? O / N	page
marque et modèle de turbine		état de l'ancienne turbine	
date	h/moteur	turbine changée ? O / N	page
marque et modèle de turbine		état de l'ancienne turbine	
date	h/moteur	turbine changée ? O / N	page
marque et modèle de turbine		état de l'ancienne turbine	
date	h/moteur	turbine changée ? O / N	page
marque et modèle de turbine		état de l'ancienne turbine	
date	h/moteur	turbine changée ? O / N	page
marque et modèle de turbine		état de l'ancienne turbine	
date	h/moteur	turbine changée ? O / N	page
marque et modèle de turbine		état de l'ancienne turbine	

h/moteur – heures moteur
page – voir la page sur le carnet d'entretien
O / N – oui / non

date	h/moteur	turbine changée ? O / N	page
marque et modèle de turbine		état de l'ancienne turbine	
date	h/moteur	turbine changée ? O / N	page
marque et modèle de turbine		état de l'ancienne turbine	
date	h/moteur	turbine changée ? O / N	page
marque et modèle de turbine		état de l'ancienne turbine	
date	h/moteur	turbine changée ? O / N	page
marque et modèle de turbine		état de l'ancienne turbine	

Vidange et appoints de liquide de refroidissement

Commentaires : ____________________

date	h/moteur	état de l'ancien liquide	page
liquide vidangé L	liquide ajouté L	marque et type de liquide	
date	h/moteur	état de l'ancien liquide	page
liquide vidangé L	liquide ajouté L	marque et type de liquide	
date	h/moteur	état de l'ancien liquide	page
liquide vidangé L	liquide ajouté L	marque et type de liquide	
date	h/moteur	état de l'ancien liquide	page
liquide vidangé L	liquide ajouté L	marque et type de liquide	
date	h/moteur	état de l'ancien liquide	page
liquide vidangé L	liquide ajouté L	marque et type de liquide	
date	h/moteur	état de l'ancien liquide	page
liquide vidangé L	liquide ajouté L	marque et type de liquide	
date	h/moteur	état de l'ancien liquide	page
liquide vidangé L	liquide ajouté L	marque et type de liquide	
date	h/moteur	état de l'ancien liquide	page
liquide vidangé L	liquide ajouté L	marque et type de liquide	
date	h/moteur	état de l'ancien liquide	page
liquide vidangé L	liquide ajouté L	marque et type de liquide	
date	h/moteur	état de l'ancien liquide	page
liquide vidangé L	liquide ajouté L	marque et type de liquide	
date	h/moteur	état de l'ancien liquide	page
liquide vidangé L	liquide ajouté L	marque et type de liquide	

Vidange et appoints de liquide de refroidissement

date	h/moteur	état de l'ancien liquide	page
liquide vidangé L	liquide ajouté L	marque et type de liquide	
date	h/moteur	état de l'ancien liquide	page
liquide vidangé L	liquide ajouté L	marque et type de liquide	
date	h/moteur	état de l'ancien liquide	page
liquide vidangé L	liquide ajouté L	marque et type de liquide	
date	h/moteur	état de l'ancien liquide	page
liquide vidangé L	liquide ajouté L	marque et type de liquide	
date	h/moteur	état de l'ancien liquide	page
liquide vidangé L	liquide ajouté L	marque et type de liquide	
date	h/moteur	état de l'ancien liquide	page
liquide vidangé L	liquide ajouté L	marque et type de liquide	

h/moteur – heures moteur
page – voir la page sur le carnet d'entretien
L – Litres

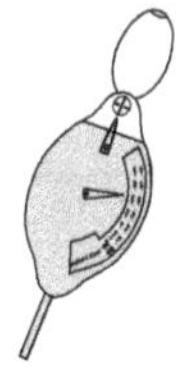

date	h/moteur	état de l'ancien liquide	page
liquide vidangé L	liquide ajouté L	marque et type de liquide	
date	h/moteur	état de l'ancien liquide	page
liquide vidangé L	liquide ajouté L	marque et type de liquide	
date	h/moteur	état de l'ancien liquide	page
liquide vidangé L	liquide ajouté L	marque et type de liquide	
date	h/moteur	état de l'ancien liquide	page
liquide vidangé L	liquide ajouté L	marque et type de liquide	

Bateau – Inspections et changements de toutes les anodes

Commentaires : ____

____

date	h/moteur	emplacement anode	page
état de l'ancienne anode		anode changée ? O / N	type
date	h/moteur	emplacement anode	page
état de l'ancienne anode		anode changée ? O / N	type
date	h/moteur	emplacement anode	page
état de l'ancienne anode		anode changée ? O / N	type
date	h/moteur	emplacement anode	page
état de l'ancienne anode		anode changée ? O / N	type
date	h/moteur	emplacement anode	page
état de l'ancienne anode		anode changée ? O / N	type
date	h/moteur	emplacement anode	page
état de l'ancienne anode		anode changée ? O / N	type
date	h/moteur	emplacement anode	page
état de l'ancienne anode		anode changée ? O / N	type
date	h/moteur	emplacement anode	page
état de l'ancienne anode		anode changée ? O / N	type
date	h/moteur	emplacement anode	page
état de l'ancienne anode		anode changée ? O / N	type
date	h/moteur	emplacement anode	page
état de l'ancienne anode		anode changée ? O / N	type

Bateau – Inspections et changements de toutes les anodes

date	h/moteur	emplacement anode	page
état de l'ancienne anode		anode changée ? O / N	type
date	h/moteur	emplacement anode	page
état de l'ancienne anode		anode changée ? O / N	type
date	h/moteur	emplacement anode	page
état de l'ancienne anode		anode changée ? O / N	type
date	h/moteur	emplacement anode	page
état de l'ancienne anode		anode changée ? O / N	type
date	h/moteur	emplacement anode	page
état de l'ancienne anode		anode changée ? O / N	type
date	h/moteur	emplacement anode	page
état de l'ancienne anode		anode changée ? O / N	type

h/moteur – heures moteur
page – voir la page sur le carnet d'entretien

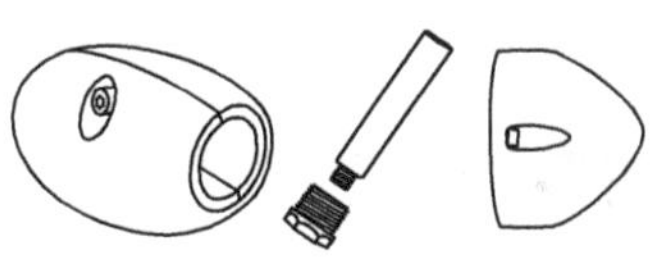

Résumés

ne pas mélanger les types d'anodes– zinc, magnésium ou aluminium

date	h/moteur	emplacement anode	page
état de l'ancienne anode		anode changée ? O / N	type
date	h/moteur	emplacement anode	page
état de l'ancienne anode		anode changée ? O / N	type
date	h/moteur	emplacement anode	page
état de l'ancienne anode		anode changée ? O / N	type
date	h/moteur	emplacement anode	page
état de l'ancienne anode		anode changée ? O / N	type

Vidanges de saildrive

Commentaires : ____

____

date	h/moteur	état de l'ancienne huile	page
huile vidangée L	huile ajoutée L	marque et grade d'huile	
date	h/moteur	état de l'ancienne huile	page
huile vidangée L	huile ajoutée L	marque et grade d'huile	
date	h/moteur	état de l'ancienne huile	page
huile vidangée L	huile ajoutée L	marque et grade d'huile	
date	h/moteur	état de l'ancienne huile	page
huile vidangée L	huile ajoutée L	marque et grade d'huile	
date	h/moteur	état de l'ancienne huile	page
huile vidangée L	huile ajoutée L	marque et grade d'huile	
date	h/moteur	état de l'ancienne huile	page
huile vidangée L	huile ajoutée L	marque et grade d'huile	
date	h/moteur	état de l'ancienne huile	page
huile vidangée L	huile ajoutée L	marque et grade d'huile	
date	h/moteur	état de l'ancienne huile	page
huile vidangée L	huile ajoutée L	marque et grade d'huile	
date	h/moteur	état de l'ancienne huile	page
huile vidangée L	huile ajoutée L	marque et grade d'huile	
date	h/moteur	état de l'ancienne huile	page
huile vidangée L	huile ajoutée L	marque et grade d'huile	
date	h/moteur	état de l'ancienne huile	page
huile vidangée L	huile ajoutée L	marque et grade d'huile	

Vidanges de saildrive

date	h/moteur	état de l'ancienne huile	page
huile vidangée L	huile ajoutée L	marque et grade d'huile	
date	h/moteur	état de l'ancienne huile	page
huile vidangée L	huile ajoutée L	marque et grade d'huile	
date	h/moteur	état de l'ancienne huile	page
huile vidangée L	huile ajoutée L	marque et grade d'huile	
date	h/moteur	état de l'ancienne huile	page
huile vidangée L	huile ajoutée L	marque et grade d'huile	
date	h/moteur	état de l'ancienne huile	page
huile vidangée L	huile ajoutée L	marque et grade d'huile	
date	h/moteur	état de l'ancienne huile	page
huile vidangée L	huile ajoutée L	marque et grade d'huile	

h/moteur – heures moteur
page – voir la page sur le carnet d'entretien
L – Litres

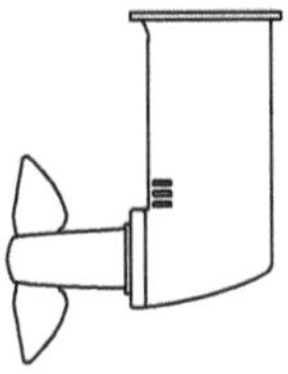

date	h/moteur	état de l'ancienne huile	page
huile vidangée L	huile ajoutée L	marque et grade d'huile	
date	h/moteur	état de l'ancienne huile	page
huile vidangée L	huile ajoutée L	marque et grade d'huile	
date	h/moteur	état de l'ancienne huile	page
huile vidangée L	huile ajoutée L	marque et grade d'huile	
date	h/moteur	état de l'ancienne huile	page
huile vidangée L	huile ajoutée L	marque et grade d'huile	

Saildrives – Inspections et changements des joints en caoutchouc

Commentaires : ____________________

date	h/moteur	numéro de pièce	page
condition du joint			
date	h/moteur	numéro de pièce	page
condition du joint			
date	h/moteur	numéro de pièce	page
condition du joint			
date	h/moteur	numéro de pièce	page
condition du joint			
date	h/moteur	numéro de pièce	page
condition du joint			
date	h/moteur	numéro de pièce	page
condition du joint			
date	h/moteur	numéro de pièce	page
condition du joint			
date	h/moteur	numéro de pièce	page
condition du joint			
date	h/moteur	numéro de pièce	page
condition du joint			
date	h/moteur	numéro de pièce	page
condition du joint			
date	h/moteur	numéro de pièce	page
condition du joint			

Saildrives – commentaires

Autre équipement

date	objet	commentaires

Autre équipement

date	object	commentaires

Résumés – commentaires

Résumés – commentaires

Mesures et conversions

Couple – métrique et impérial 187
Diesel – volumes et poids 188
Électricité – courant continu 189
Électricité – Loi de Georg Ohm 189
Électricité – Loi de James Watt 189
Équivalents métriques, fractionnaires 190
et décimaux communs en pouces 190
Fractions communes, et équivalent en pouces décimaux 191
Résistance à la traction des boulons en acier renforcé 191
Longueur/Distance – métrique, impériale et nautique 192
Poids – métrique et impérial 194
Pression – métrique et impériale 195
Puissance – chevaux-vapeur et kilowatts 196
Superficie – métrique et impérial 197
Tailles des trous de taraudage 198
Température – C et F 199
Vitesse – métrique, impériale et nautique 200
Volume – métrique et impérial 201

Test du liquide de refroidissement/antigel avec un hydromètre

2 types populaires d'hydromètre pour liquide de refroidissement/antigel

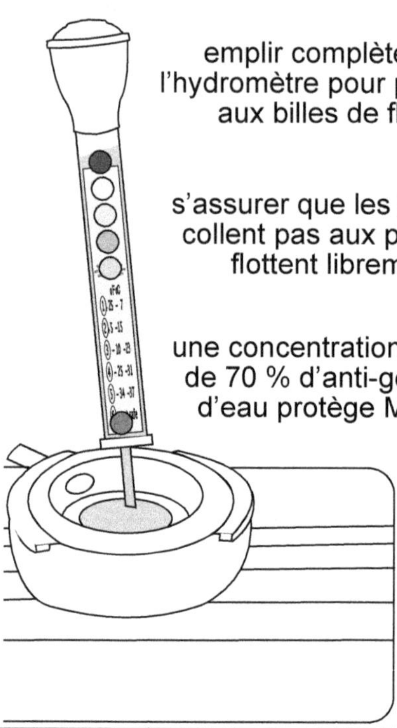

emplir complètement l'hydromètre pour permettre aux billes de flotter

s'assurer que les billes ne collent pas aux parois et flottent librement

une concentration de plus de 70 % d'anti-gel/30 % d'eau protège MOINS

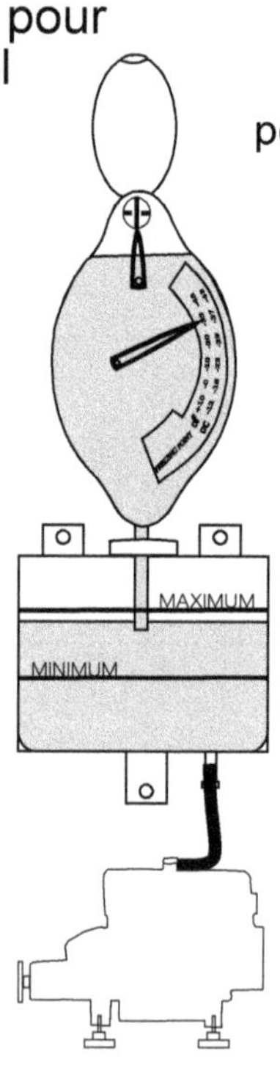

pomper la poire pour aspirer l'antigel dans la bouteille

garder l'hydromètre vertical – certain ont un indicateur

tapoter le coté de la jauge pour déloger les bulles et permettre à l'aiguille de bouger librement

noter dans le Carnet d'entretien

Couple – métrique et impérial

Couple = force nécessaire pour tourner un objet (tel qu'un arbre d'hélice)

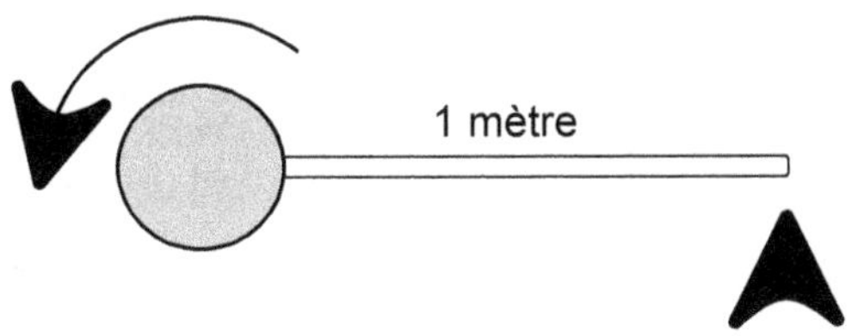

N = Newton
Nm = Newton mètre
po oz = pouce ounce
pi lb or pibf = pound force

formule*
Nm X 141.61 = po oz
Nm X 0.738 = pibf
pibf X 1.356 = N m
in oz X 0.007 = nM

1 Newton = force nécessaire pour déplacer 1 kg a distance de 1 mètre par seconde par seconde (par seconde par seconde est la norme mesure de la vitesse d'accélération)

1 Newtonmètre correspond à une force de 1 kg (1 Newton) appliquée avec un levier de 1 mètre pour déplacer ou faire pivoter un objet

1 pied-livre correspond à 1 lb de force appliquée avec un levier à un pied pour déplacer ou faire pivoter un objet.

Nm	po oz	pi lb
1	141.6	0.74
2	283	1.475
3	425	2.213
4	566	2.95
5	708	3.69
6	850	4.43
7	991	5.16
8	1133	5.9
9	1274	6.64
10	1416	7.38
20		14.75
30		22.13
40		29.5
50		36.88
60		44.25
70		51.63
80		59
90		66.38
100		73.76

po lb	po oz	Nm
1	192	1.36
2	384	2.7
3	576	4
4	768	5.4
5	960	6.8
6	1152	8.13
7	1344	9.5
8	1536	10.85
9	1728	12.20
10	1920	13.56
20		27
30		40.67
40		54.23
50		67.79
60		81.35
70		94.91
80		108.46
90		122
100		135.58

po oz	pi lb	Nm
5	0.026	0.035
6	0.03	0.04
7	0.036	0.05
8	0.04	0.056
9	0.046	0.06
10	0.05	0.07
15	0.078	0.106
20	0.10	0.141
25	0.13	0.176
30	0.156	0.2
35	0.18	0.47

po lb	in oz	Nm
5	80	0.035
6	96	0.04
7	112	0.05
8	128	0.056
9	144	0.06
10	160	0.07
15	240	0.106
20	320	0.141
25	400	0.176

Diesel – volumes et poids

Fuel

La densité, et donc le poids, du carburant diesel varie selon son mélange (#1 et #2) et sa température – un diesel froid et épais pèse plus que le diesel en été. Le diesel est plus léger que l'eau - sa gravité spécifique varie entre 0,82 et 0,95 ; l'eau douce est 1, l'eau de mer est de 1,025.

1 litre = ± 832 grams or ± 1.87 livres
1 gallon (US) = ± 3.32 kgs ou ± 7.1 lbs
1 gallon (Imp) = ± 3.87 kgs ou ± 8.5 lbs

REMARQUE : les chiffres sont approximatifs en raison de la variation de la densité du carburant et des arrondis

gall imp. = gallon impérial   kg = kilogramme
gall US = gallon US   lb = livre

formule* kg x 1.18 = L kg x 0.31 = Gall US kg x 0.259 = Gall Imp.			
Kilogram	**Litre**	**Gallon US**	**Gallon impérial**
1 kg	1.18	0.31	0.259
2 kg	2.36	0.62	0.518
3 kg	3.54	0.93	0.777
4 kg	4.72	1.24	1.036
5 kg	5.9	1.55	1.295
10 kg	11.8	3.1	2.59
15 kg	17.7	4.65	3.885
20 kg	23.6	6.2	5.18

**exemple:* *2 kgs x 1.18 = 2.366 L diesel*

formule lb x 0.53 = Litre lb x 0.14 = Gall US lb x 0.12 = Gall Imp.			
Livre	**Litre**	**Gallon US**	**Gallon impérial**
1 lb	0.53	0.14	0.12
2 lbs	1.06	0.28	0.24
3 lbs	1.59	0.42	0.36
4 lbs	2.12	0.56	0.48
5 lbs	2.65	0.7	0.6
10 lbs	5.3	1.4	1.2
15 lbs	7.95	2.1	1.8
20 lbs	10.6	2.8	2.4

formule L x 0.832 = kgs L x 1.87 = lbs		
Litre	**kgs**	**lbs**
1 L	0.832	1.87
2 L	1.66	3.74
3 L	2.496	5.61
4 L	3.328	7.48
5 L	4.16	9.35
10 L	8.32	18.7
15 L	12.48	28.05
20 L	16.64	**37.4**

formule G US x 7.10 = lbs G US x 3.32 = kgs		
Gallon US	**lbs**	**kgs**
1 G US	7.10	3.32
2 G US	14.2	6.64
3 G US	21.30	9.96
4 G US	28.40	13.28
5 G US	35.50	16.60
10 G US	71	33.20
15 G US	106.50	49.80
20 G US	142	66.4

formule G imp x 8.5 = lbs G imp x 3.87 = kgs		
Gallon imp	**lbs**	**kgs**
1 G imp	8.5	3.87
2 G imp	17	7.74
3 G imp	25.5	11.61
4 G imp	34	15.48
5 G imp	42.50	19.35
10 G imp	85	38.70
15 G imp	127.5	58.05
20 G imp	170	77.40

Électricité – courant continu

Électricité – Loi de Georg Ohm

La loi d'Ohm explique la relation entre :
courant (ampères), **résistance (ohms)** et tension.

amps	X	**résistance**	=	tension
tension	÷	**résistance**	=	amps
tension	÷	amps	=	**résistance**

exemple pour calculer la résistance :
V ÷ A (I) = R
12 ÷ 4 = 3

Électricité – Loi de James Watt

La loi de Watt explique la relation entre :
puissance (watts), courant (ampères) et tension (volts).

tension	X	amps	=	**watts**
watts	÷	amps	=	tension
watts	÷	tension	=	amps

exemple pour calculer l'ampérage :

Un appareil de 12 volts est évalué à 80 watts - combien d'ampères ?

80 ÷ 12 = 6,67A

A l'aide de cette pyramide, lorsque 2 valeurs sont connues, la 3ème valeur peut être calculée

I x R = **Voltage (V)**
V ÷ R = **Amps (I)**
V ÷ I = **Résistance (Ω)**

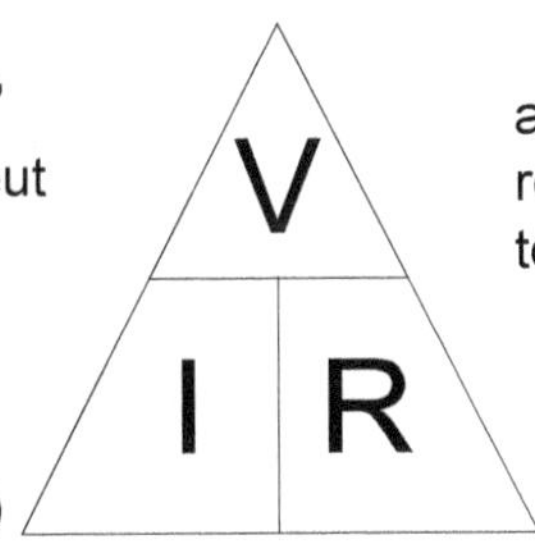

ampères = ampérages ou I ou courant
résistance = R ou Ω ou ohms
tension = V ou E ou volts

Ampère-heure (AH) – nombre total d'ampères qu'une batterie peut fournir sur une période de 20 heures. Plus la cote est élevée, plus la puissance totale que la batterie peut fournir au fil du temps est importante. La cote AH s'applique aux batteries à cycle profond - une batterie de 100 AH peut fournir environ 5 A pendant 20 heures.

Ampères de démarrage à froid (CCA) - courant (ampères) qu'une batterie de 12 V peut produire à -18 °C (0 °F) pendant 30 secondes en maintenant la tension au-dessus de 7,2 volts. Plus la cote est élevée, plus la batterie peut lancer un moteur et plus elle durera longtemps.

Marine Cranking Amps (MCA) - courant (ampères) qu'une batterie de 12 V peut produire à 0 °C (32 °F) pendant 30 secondes tout en maintenant la tension au-dessus de 7,2 volts. Le nombre MCA sera supérieur d'un tiers au classement CCA pour la même batterie.

Capacité de réserve (RC) – Nombre de minutes qu'une batterie fournira 25 ampères tout en maintenant la tension au-dessus de 10,5 V (batterie 12 V) à 26,7 °C (80 °F)

tension	**Plomb/acide**	**AGM**	**Bat. Gel**	**Lithium**
100%	12.60-12.70	12.80 - 12.90	12.85 - 12.95	13.4 - 14.4
75%	12.40	12.60	12.65	13.2
50%	12.20	12.30	12.35	13.1
25%	12.00	12.00	12.00	13.0
0%	11.80	11.80	11.80	10.0

Convertir CCA en MCA – multiplier CCA par 1,3

Convertir MCA en CCA – multiplier MCA par 0,77

Équivalents métriques, fractionnaires et décimaux communs en pouces

Tailles de trous millimétriques en pouces décimaux et fractionnaires les plus proches

exemple : foret de 2 mm – foret en pouces le plus proche 5/64 – soit 1,95 mm

métrique mm	**fraction po**	**le plus proche mm**	**décimal po**
2	5/64	1.95	0.078
3	1/8	3.1	0.125
4	5/32	3.9	0.156
5	13/64	5.1	0.188
5.5	7/32	5.57	0.219
6	15/64	5.9	0.234
6.5	1/4 or 17/64	6.3 or 6.7	0.248 or 0.267
7	9/32	7.1	0.281
7.5	19/64	7.54	0.297
8	5/16	7.9	0.313
8.5	21/64 Or 11/32	8.3 or 8.7	0.328 or 0.344
9	23/64	9.1	0.359
9.5	3/8	9.55	0.375
10	25/64	9.9	0.391
10.5	27/64	10.72	0.422
11	7/16	11.11	0.438
11.5	29/64	11.51	0.453
12	15/32 or 31/64	11.8 or 12.2	0.469 or 0.484
13	33/64	13.10	0.516
14	35/64	13.8	0.547

Exemples de têtes de vis

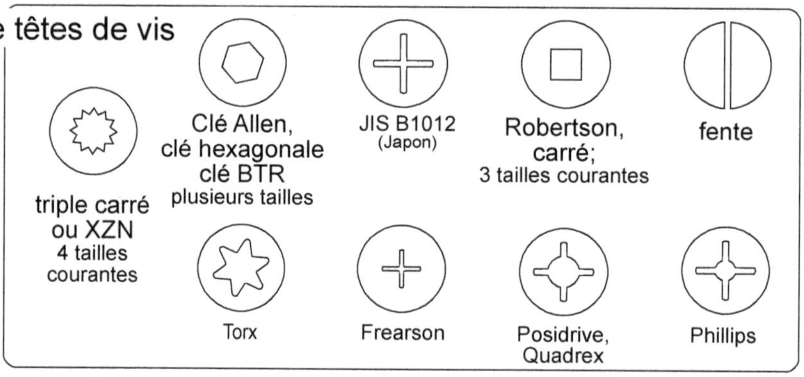

Exemples de têtes de boulons

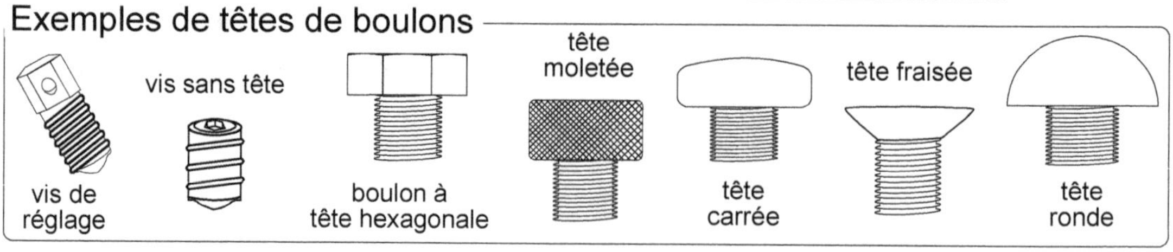

Fractions communes, et équivalent en pouces décimaux et en millimètres métriques

fraction pouce	décimal	métrique mm
1/64	0.016	0.397
1/32	.031	.794
1/16	.063	1.588
1/8	.125	3.175
3/16	.188	4.763
1/4	.250	6.35
5/16	.313	7.938
3/8	.375	9.525
7/16	.438	11.113
1/2	.500	12.7
9/16	.563	14.288
5/8	.625	15.875
11/16	.688	17.463
3/4	.750	19.05
13/16	.813	20.638
7/8	.875	22.225
15/16	.938	23.813
1	1.0	25.4

decimal	fraction pouce	métrique mm
0.0156	1/64	.397
.03124	1/32	.794
.0625	1/16	1.588
.125	1/8	3.175
.1875	3/16	4.762
.250	1/4	6.350
.3125	5/16	7.938
.375	3/8	9.525
.4375	7/16	11.112
0.5	1/2	12.7
.5625	9/16	14.386
.625	5/8	15.875
.6875	11/16	17.462
.750	3/4	19.050
.8125	13/16	20.638
.875	7/8	22.225
.9375	15/16	23.812
1.0	1	25.4

Résistance à la traction des boulons en acier renforcé

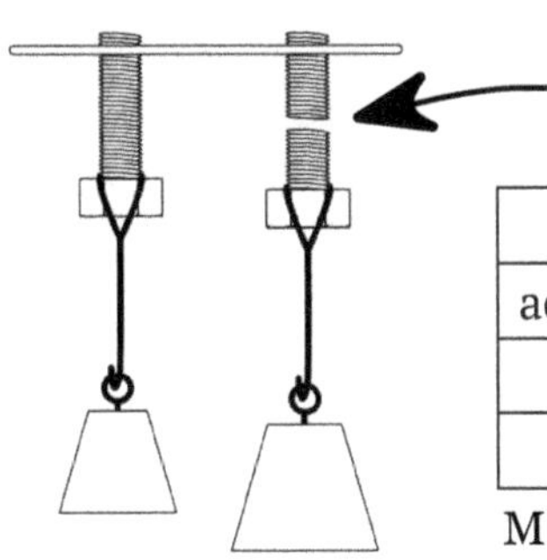

résistance à la traction - traction maximale qu'un matériau peut supporter sans se casser

métrique		anglais	
acier doux	400 MPa		60,000 psi
8.8	827 MPa	SAE 5	120,000 psi
10.9	1,034 MPa	SAE 8	150,000 psi

MPa = MegaPascal psi = livres par pouce carré

pas de marquage - acier doux

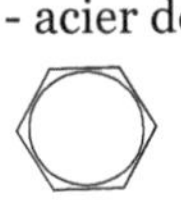

métrique 88

métrique 10.9

SAE5 - différents styles

SAE 8 - différents styles

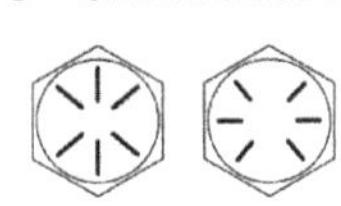

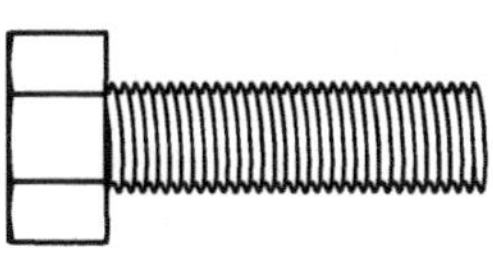

pas de vis grossier
métrique : 1,5
UNC : 16 filets/pouce

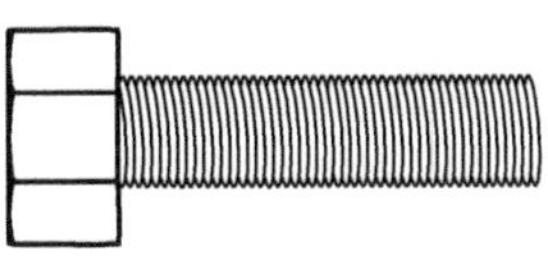

pas de vis fin
métrique : 1,25
UNF : 24 filets/pouce

Longueur/Distance – métrique, impériale et nautique

*formule**
mm x 0.0394 = pouce
cm x 0.394 = pouce
pouce x 2.54 = cm

**exemple: 5 mm x 0.0394 = 0.197 pouce*

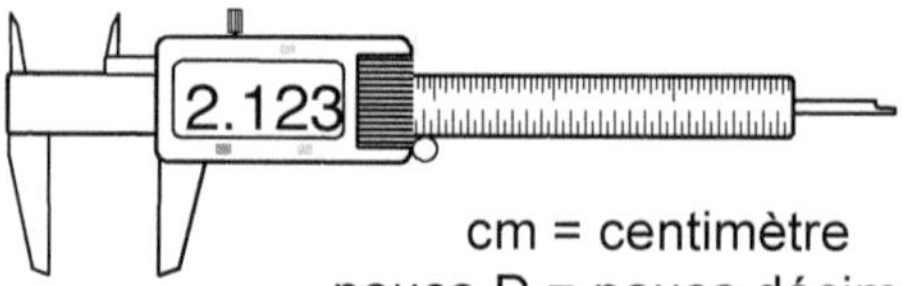

cm = centimètre
pouce D = pouce décimaux
mm = millimètre

mm	pouce
1	0.0394
2	0.078
3	0.1181
4	0.157
5	0.197
6	0.236
7	0.276
8	0.315
9	0.355
10	0.394

cm	pouce
1	0.394
2	0.788
3	1.18
4	1.575
5	1.968
10	3.94
15	5.91
20	7.87
25	9.84
50	19.69
75	29.53
100	39.37

pouce	D pouce	mm
1/8	0.125	3.175
1/4	0.250	6.35
3/8	0.375	9.525
1/2	0.5	12.7
5/8	0.625	15.875
3/4	0.75	19.05
7/8	0.875	22.23

Pouces décimaux

De nombreux micromètres électroniques affichent des pouces décimaux - pas des fractions, c'est-à-dire qu'ils divisent un pouce en 1000 parties, ce qui donne une plus grande précision.
Exemple: 0,650" est légèrement supérieur à 5/8".

pouce	cm
1	2.54
2	5.08
3	7.62
4	10.16
5	12.7
10	25.4
15	38.10
20	50.80
25	63.5
50	127
75	190.5
100	254

formule mètre x 3.28 = pied mètre x 1.09 = yard		
mètre	**pied**	**yard**
1	3.28	1.09
5	16.40	5.47
10	32.81	10.94
15	49.21	16.40
20	65.62	21.87
25	82.02	27.34
50	164.04	54.68
75	246.06	82
100	328.08	109.36

formule yard x 0.914 = mètre	
yard	**mètre**
1	0.914
5	4.572
10	9.14
15	13.72
20	18.29
25	22.86
50	45.72
75	68.58
100	91.44

formule brasse x 1.829 = mètre brasse x 6 = pied		
brasse	**mètre**	**pied**
1	1.829	6
5	9.144	30
10	18.29	60
15	27.43	90
20	36.58	120
25	45.72	150
50	91.44	300
75	137.16	450
100	182.88	600

Longueur/Distance – métrique, impériale et nautique

km = kilomètre
nd = nœud
nq = mille nautique

*formule** km x 0.54 = nq km x 0.62 = mile		
km	**nq**	**mile**
1	0.54	0.62
10	5.40	6.21
20	10.79	12.43
30	16.20	18.64
50	27	31.07
100	54	62.14
300	162	186.41
500	270	310.69
750	404.97	466.03
1000	639.96	621.37

formule nq x 1.852 = km nq x 1.151 = mile		
nq	**km**	**mile**
1	1.852	1.151
10	18.52	11.51
20	37.04	23
30	55.56	34.52
50	92.60	57.54
100	185.20	115.08
300	555.60	345
500	926	575.4
750	1389	863
1000	1852	1150.78

formule mile x 0.87 = nq mile x 1.609 = km		
mile	**nq**	**km**
1	0.87	1.609
10	8.69	16.09
20	17.38	32.19
30	26.07	48.28
50	43.45	80.47
100	86.90	160.93
300	260.69	482.80
500	434.49	804.67
750	651.73	1207
1000	868.98	1609.34

**exemple: 1 km x 0.54 = 0.54 nq*

Vitesse nd	**temps/distance nq 12 hrs**	**24 hrs**
0.5	6	12
1	12	24
1.5	18	36
2	24	48
2.5	30	60
3	36	72
3.5	42	84
4	48	96
4.5	54	108
5	60	120
6	72	144
7	84	168
8	96	192
9	108	216
10	120	240
11	132	264
12	144	288

Conversions de vitesse (nd, km/h, m/ph)
voir page 200

1 minute de latitude = 1 nq
60 minutes de latitude = 1 degré
1 degré = 60 nq
1 mille nautique = 1852 mètres
1 mille nautique = 2025 yards

100 cm = 1 mètre
1 m = 3.28 pied

3 pieds = 1 yard
3 pieds = 0.914 mètre

Poids – métrique et impérial

<u>Eau douce pure</u>
1 litre = 1 kilogramme ou 2,2 livres
1 gallon (US) = 3,78 kg ou 8,34 lb
1 gallon (Imp) = 4,55 kg ou 10,02 lb

<u>Eau de mer (± 3,5 % de salinité)</u>
1 litre = ±1,025 kilogramme ou 2,26 livres
1 gallon US = ± 3,7 kg ou 8,56 lb
1 gallon Imp = ± 4,66 kg ou 10,26 lb
1 mètre cube = ±1020 kg

1 kg = 1000 grammes
1 kg = 35,24 onces
1 kg = 2,2 livres

1 once = 28 grammes
16 onces = 1 livre
1 livre = 454 grammes
1 livre = 0,45 kg

g = grammes
kg = kilogrammes

lb = livres
oz = onnces

formule* g x 0.035 = oz g x 0.002 = lb kg x 35.274 = oz kg x 2.2 = lb		
gram	**oz**	**lb**
10	0.353	0.022
50	1.76	0.11
100	3.53	0.22
500	17.64	1.1
1 **kg**	35.27	2.2
2 **kg**	70	4.4
3 **kg**	106	6.61
4 **kg**	141	8.82
5 **kg**	176	11

formule oz x 28.35 = g lb x 454 = g	
oz	**gram**
1	28.35
2	56
3	85
4	113
5	142
10	283
15	425
1 **lb**	454
2 **lb**	907

formule lb x 16 = oz lb x 454 = g lb x 0.454 = kg		
lb	**oz**	**gram/kg**
1	16	454
2	32	907
3	48	1.36 **kg**
4	64	1.81 **kg**
5	80	2.27 **kg**
10	160	4.54 **kg**
15	240	6.80 **kg**
20	320	9.07 **kg**
25	400	11.34 **kg**

**exemple: 30g x 0.035 = 1.05 oz*

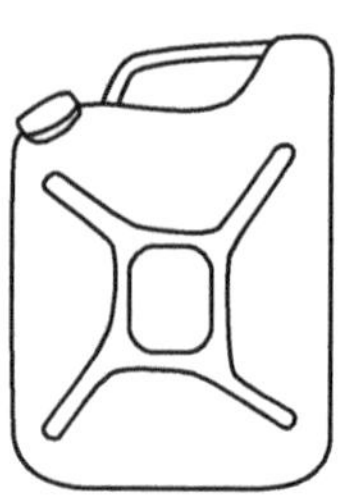

20 l de DIESEL
= 16.64 kgs.
= 37.41 lbs

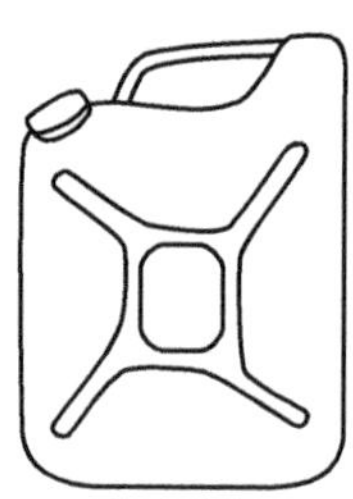

20 l d'eau douce
= 20 kgs.
= 44 lbs

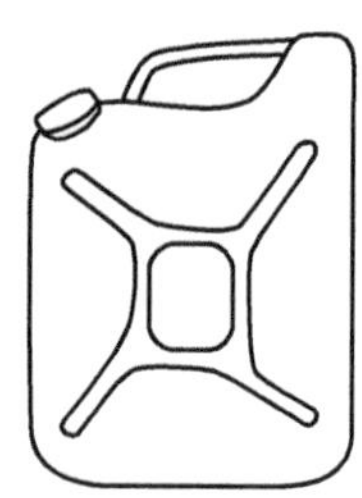

20 l d'eau de mer
= 20.5 kgs.
= 45.2 lbs

Pression – métrique et impériale

Pression atmosphérique (atm) au niveau de la mer

= ± 1,013 bar
= ± 760 mmHg
= ± 101,325 kPa
= ± 14,7 psi
= ± 29,921 inHg

formule
psi x 6894.76 = Pa
psi x 2.036 = inHg
psi x 51.72 = mmHg

psi	Pa - kPa	mmHg	inHg
1	6894.76	51.72	2.036
10	68947.60	517.15	20.36
20	137.90 **kPa**	1034	40.72
30	206.84 **kPa**	1551	61.08
40	275.79 **kPa**	2068	81.44
50	344.74 **kPa**	2585	101.80
100	689.48 **kPa**	5171	203.60
500	3447.38 **kPa**	25857	1018
1000	6894.76 **kPa**	51714	2036

formule*
bar x 100 = kilopascals (kPa)
kilopascal x 0.01 = bar
Pa x 0.0075 = mmHg
Pa x 0.000145 = psi
Pa x 0.000295 = po Hg

bar	kPa	psi	mmHg	po Hg
1	100	14.5	750.06	29.53
2	200	29	1500	59.06
3	300	43.51	2250	88.59
4	400	58	3000	118.12
5	500	72.52	3750	147.65
10	1000	145.04	7500	295.3

**exemple: 20 kPa x 0.000145 = 2.9 psi*

formule
Mpa x 145.038 = psi

MPa	psi
1	145
2	290
3	435
4	580
5	725

poHg = pouces de mercure
mmHG = millimètres de mercure
kPa = 1000 pascals
MPa = 1 000 000 pascals
Pa = pascal
psi = livres par pouce carré

Mesures

formule
mmHg x 0.039 = inHg
mmHg x 1.33.32 = Pa
mmHg x 0.019 = psi

mmHg	inHg	Pa - kPa	psi
50	1.968	6666	0.967
100	3.94	13.332	1.933
200	7.87	26.66 **kPa**	3.868
300	11.81	40	5.8
400	15.75	53.33	7.74
500	19.68	66.66	9.67
750	29.53	100	14.50
100 cm	39.37	133.33	19.34

formule
inHg x 25.4 = mmHg
inHg x 3386 = Pa
inHg x 0.491 = psi

inHg	mmHg	Pa - kPa	psi
1	25.4	3386	0.491
2	50.8	6772	0.982
3	76.2	10159	1.473
4	101.6	13545	1.965
5	127	16.93 **kPa**	2.456
6	152.4	20.32 **kPa**	2.95
7	177.8	23.70 **kPa**	3.44
8	203	27.09 **kPa**	3.93
9	228.6	30.48 **kPa**	4.42
10	254	33.86 **kPa**	4.912

Puissance – chevaux-vapeur et kilowatts

1 cheval-vapeur = force requise pour soulever
75 kilogrammes 1 mètre en 1 seconde

1 cheval-vapeur
= 1 metric cheval-vapeur
= 735.5 watts
= 0.7355 kW
= 0.986 hp (britannique)

metric hp	kW	UK/US hp
1	0.735	0.986
5	6.798	4.932
10	7.355	9.863
20	14.710	19.7264
30	22.065	29.5896
40	29.420	39.453
50	36.775	49.316
60	44.13	59.179
70	51.485	69.042
80	58.84	78.9056
90	66.195	88.7688
100	73.55	98.632
120	88.260	118.358
140	102.97	138.085
160	117.68	157.81
180	132.39	177.538
200	147.10	197.26

**exemple: 50 mhp x 0.735 = 36.75 kW*

ch	cheval-vapeur (735.5 watts)	français
CV	caballo de vapor	espagnol
	cavallo vapore	italien
	cavalo de vapor	portugais
hp	horse-power (745.7 watts)	britannique
PS	Pferdestärke	allemand
ЛС	лошадиная сила	russe
马力	(mǎ lì)	chinois
馬力	(baryoku)	japonais

1 kilowatt (kW) = 1000 watts
1 kW = 1.36 metric hp (mhp)
1 mhp = 0.735 kW

UK/US hp	kW	metric hp
1	0.74569	1.01
5	3.728	5.07
10	7.4569	10.14
20	14.91	20.28
30	22.37	30.42
40	29.8279	40.56
50	37.29	50.5
60	44.74	60.83
70	52.20	70.97
80	59.66	81.11
90	67.11	91.25
100	74.57	101.39
120	89.48	121.66
140	104.40	141.94
160	119.31	162.22
180	134.23	182.50
200	149.14	202.77

**exemple: 50 hp x 1.01 = 50.5 mhp*

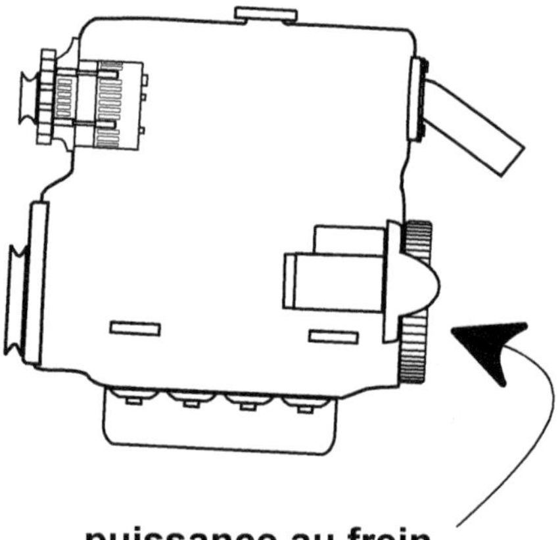

puissance au frein
mesuré à la sortie du moteur - un peu moins de ch dû au frottement à l'intérieur du moteur

puissance au frein
= brake horse power (bhp)

Superficie – métrique et impérial

cm = centimètre
cm^2 = centimètre carré
ft = pied
ft^2 = pied carré
m = mètre
m^2 = mètre carré
mm = millimètre
mm^2 = millimètre carré

formule mm^2 x 0.01 = cm^2 mm^2 x 0.00155 = in^2			
mm x mm	**mm^2**	**cm^2**	**in^2**
2 x 2	4	0.04	0.0062
3 x 3	9	0.09	0.014
4 x 4	16	0.16	0.025
5 x 5	25	0.25	0.039
6 x 6	36	0.36	0.056
7 x 7	49	0.49	0.076
8 x 8	64	0.64	0.099
9 x 9	81	0.81	0.125
10 x 10	100	1	0.155

formule* cm^2 x 0.155 = in^2	
cm^2	**$inch^2$**
1	0.155
2	0.31
3	0.465
4	0.62
5	0.775
10	1.55
15	2.325
20	3.1
25	3.875
50	7.75
75	11.625
100	15.50

formule in^2 x 6.45 = cm^2	
$inch^2$	**cm^2**
1	6.45
2	12.90
3	19.35
4	25.81
5	32.26
10	64.52
15	96.77
20	129
25	161
50	322
75	484
100	645

**exemple: 3 cm^2 x 0.155 = 0.465 pouce^2*

formule* m^2 x 10.76 = ft^2	
m^2	**ft^2**
1	10.76
2	21.53
3	32.28
4	43.06
5	53.82
10	107.64
15	161.46
20	215.28
25	269
50	538
75	807
100	1076

formule ft^2 x 0.0929 = m^2	
ft^2	**m^2**
1	929 cm^2
2	0.186
3	0.279
4	0.372
5	0.465
10	0.93
15	1.39
20	1.86
25	2.32
50	4.65
75	6.97
100	9.29

Métrique

100 mm² équivaut à 1 cm^2
10,000 cm² équivaut à 1 m^2
646 mm² équivaut à 1 pouce^2

Impérial

144 pouces² équivaut à 1 pied^2
9 pied² équivaut à 1 yard^2
10.76 pied² équivaut à 1 m^2

**exemple: 3 m^2 x 10.76 = 32.28 pied^2*

Tailles des trous de taraudage et de perçage en millimètres et en pouces

mm taille du taraud	mm taille de la perceuse	taille de foret en pouces
2	1.5	1/16
3	2.5	3/32
4	3.5	9/64
5	4.5	11/64
6	5	13/64
7	6	15/64
8	7	9/32
10	9	23/64
12	10.5	13/32
14	12.5	31/64

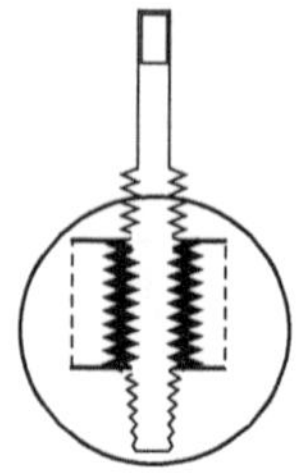

les tarauds chanfreinés sont les plus commun

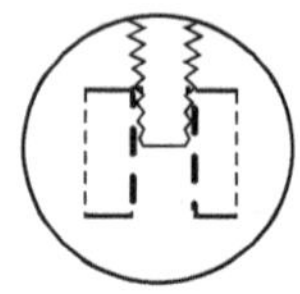

les tarauds chanfreinés sont plus pratiques pour commencer verticalement dans le trou percé

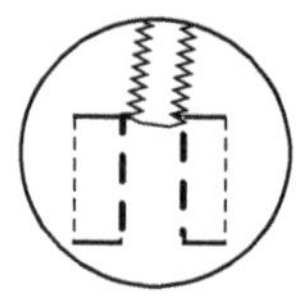

les tarauds non chanfreinés sont moins pratique pour démarrer exactement à la verticale

taille du robinet en pouces	taille de foret en pouces	mm taille du foret
1/8	3/32	2.38
1/4	7/32	5.5
5/16	9/32	7
3/8	5/16	8
1/2	15/32	12
5/8	35/64	14
3/4	11/16	17.5
7/8	13/16	20.5
1	7/8	22

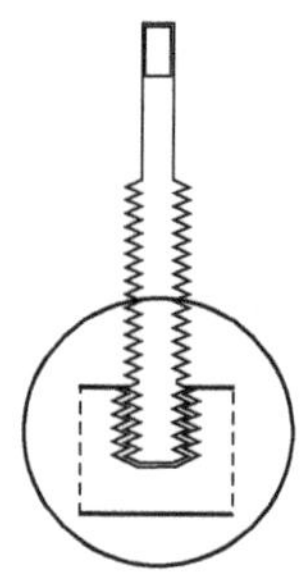

les tarauds non chanfreinés sont utilisés pour tarauder un trou borgne (c'est-à-dire sans sortie)

REMARQUE : les tailles de foret indiquées sont des équivalents courants
(Les forets de 1,6 mm ne se trouvent pas sur de nombreux bateaux !)

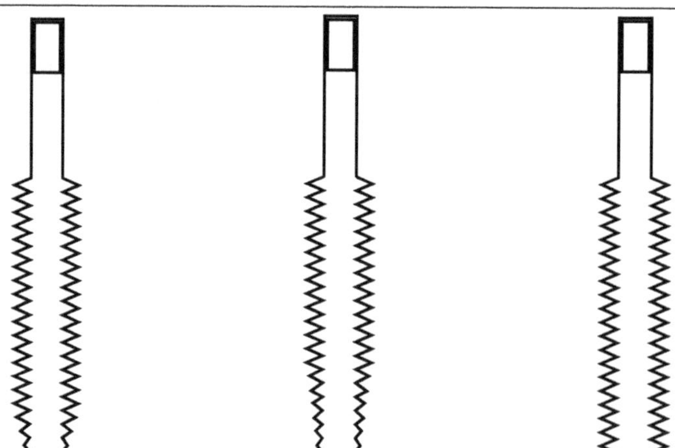

taraud chanfreiné finisseur — taraud chanfreiné ébaucheur — taraud non chanfreiné

Température – C et F

température de fonctionnement du moteur	**°C**	**°F**
refroidissement indirect	70 - 85 °C	158 - 185 °F
refroidissement direct	55 - 70 °C	131 - 158 °F

caractéristiques diesel	**°C**	**°F**
point d'éclair diesel temp. Min. ou les vapeurs de diesel vont brûler	52 - 82 °C	125 - 180 °F
auto-allumage diesel - temp. min. ou le carburant s'enflammera sans source	210 °C	410 °F
temp. de l'air du cylindre avant l'injection	500 °C	920 °F
température de la flamme (gaz de combustion)	1400 °C	2550 °F
température diesel au collecteur d'échappement	300 - 1000 °C	1470 - 1800 °F
température d'échappement après injection d'eau de mer	40 - 50 °C	104 - 122 °F

températures approximatives uniquement
- les températures précises dépendent de nombreuses variables

<u>pour convertir de C vers F</u>

1 °C x 1.8 + 32 = °F

exemple: 10 °C x 1.8 = 18 + 32 = 40 °F

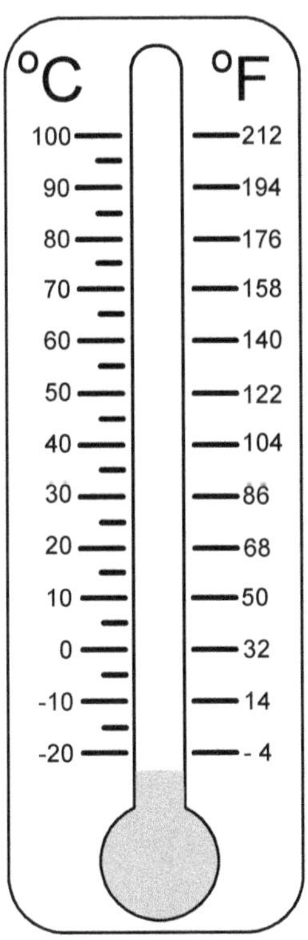

<u>pour convertir de F vers C</u>

1 °F - 32 x 0.5566 = °C

exemple: 56 °F - 32 = 24 x 0.5566 = 13 °C

point d'ébullition de l'eau pure au niveau de la mer	100 °C	212 °F
point de congélation de l'eau pure au niveau de la mer	0 °C	32 °F
point de congélation de l'eau de mer (3,5 % de salinité)	2 °C	28 °F

Température de l'eau pour former
tempêtes tropicales tournantes : 26 °C (79 °F)

Noms par zone :

Cyclone – Océan Indien

Ouragan – Océan Atlantique, Océan Pacifique

Typhon - Pacifique occidental, mer de Chine méridionale

Vitesse – métrique, impériale et nautique

pi/s = pied par seconde
nd = noeud (1 mile nautique par heure)
km/h = kilomètres par heure
m/ph = miles par heure
m/s = mètres par seconde

formule* km/h x 0.278 = m/s km/h x 0.54 = nœud km/h x 0.621 = m/ph km/h x 0.911 = pi/s				
km/h	**m/s**	**nœud**	**m/ph**	**pi/s**
1	0.28	0.54	0.62	0.911
5	1.39	2.7	3.11	4.56
10	2.78	5.4	6.21	9.11
15	4.17	8.10	9.32	13.67
20	5.56	10.8	12.43	18.23
25	6.95	13.5	15.53	22.78
30	8.34	16.2	18.64	27.34

**exemple: 5 kph x 0.54 = 2.7 nœud*

formule m/s x 3.6 = km/h m/s x 1.944 = nœud m/s x 2.237 = m/ph m/s x 3.281 = pi/s				
m/s	**km/h**	**nœud**	**m/ph**	**pi/s**
1	3.6	1.94	2.24	3.28
5	18	9.72	11.18	16.40
10	36	19.44	22.37	32.81
15	54	29.16	33.55	49.21
20	72	38.88	44.74	65.62
25	90	48.60	55.92	82.02
30	108	58.31	67.11	98.42

formule nœud x 1.852 = km/h nœud x 0.514 = m/s nœud x 1.688 = pi/s nœud x 1.151 = m/ph				
nœud	**km/h**	**m/s**	**m/ph**	**pi/s**
1	1.85	0.51	1.15	1.69
2	3.7	1.03	2.3	3.38
3	5.56	1.54	3.45	5.06
4	7.41	2.06	4.6	6.75
5	9.26	2.57	5.75	8.44
10	18.52	5.14	11.51	16.88
15	27.78	7.71	17.26	25.32

formule m/ph x 1.609 = km/h m/ph x 0.447 = m/s m/ph x 1.467 = pi/s m/ph x 0.869 = nœud				
m/ph	**km/h**	**m/s**	**knots**	**pi/s**
1	1.61	0.45	0.87	1.47
5	8.05	2.24	4.34	7.33
10	16.09	4.47	8.69	14.68
15	24.14	6.71	13.03	22
20	32.19	8.94	17.38	29.33
25	40.23	11.18	21.72	36.67
30	48.28	13.41	26.07	44

1 nœud = 0.5144 mètres par seconde
1 kilomètre = 0.278 mètres par seconde

nœud x temps = distance
voir page 193

Volume – métrique et impérial

1000 millilitres = 1 litre
16 Fl. Oz US = 1 pinte US
20 Fl. Oz Imp = 1 pinte Impérial
2 pintes = 1 quart
8 pintes = 1 gallon

fl.oz US = once liquide américaine
fl.oz Imp = once liquide impériale (britannique)
mL = millilitre
L = litre

G (États-Unis) = gallon américain
G (Imp) = gallon impérial
Pt (États-Unis) = pinte américaine
Pt (Imp) = pinte impériale

formule
mL x 0.034 = Fl. Oz US
mL x 0.035 = Fl. Oz Imp.

mL	Fl Oz. US	Fl Oz Imp.
5	0.17	0.176
10	0.35	0.35
25	0.85	0.88
50	1.69	1.76
100	3.38	3.52
250	8.45	8.80
500	16.91	17.60
750	25.36	26.40

formule
Fl Oz. US x 29.574 = mL
Fl. Oz US x 1.04 = Fl. Oz Imp.

Fl Oz. US	mL	Fl. Oz Imp.
1	29.57	1.04
2	59	2.08
3	89	3.12
4	118	4.16
5	148	5.20
10	296	10.41
15	444	15.61
20	591	20.82

formule
Fl. Oz Imp. x 28.41 = mL
Fl. Oz. Imp. x 0.961 = Fl. Oz. US

Fl Oz. Imp.	mL	Fl Oz US
1	28.41	0.96
2	57	1.92
3	85	2.88
4	114	3.84
5	142	4.8
10	284	9.6
15	426	14
20	568	19

Pint US	Pint Imp.
1	0.83
2	1.66
3	2.5
4	3.33
5	4.16

Pint Imp.	Pint US
1	1.20
2	2.4
3	3.6
4	4.8
5	6

formule
pint US x 0.833 = pint Imp.
pint Imp. x 1.2 = pint US

20 gouttes de pluie = ± 1mL

Litre	G US	G Imp.	Fl Oz US	Fl. Oz Imp.
1	0.26	0.22	33.81	35.19
2	0.56	0.44	67.63	70.39
3	0.79	0.66	101.44	105.59
4	1.06	0.88	135.26	140.78
5	1.32	1.10	169.07	175.98

formule*
L x 0.264 = G US
L x 0.22 = G Imp.
L x 33.81 = Fl Oz. US
L x 35.19 = Fl. Oz. Imp

Mesures

**exemple: 2L x 0.22 = 0.44 Gallon Imp.*

formule
G US x 3.78 = L
G US x 0.833 = G Imp.
G US x 128 = Fl Oz. US
G US x 133.23 = Fl. Oz. Imp

G US	L	G Imp.	Fl Oz US	Fl. Oz Imp.
1	3.78	0.83	128	133.23
2	7.57	1.66	256	266.46
3	11.36	2.5	384	399.68
4	15.14	3.33	512	532.91
5	18.93	4.16	640	666.14

formule
G Imp x 4.546 = L
G Imp x 1.20 = G US
G Imp x 153.72 = Fl Oz. US
G Imp x 160 = Fl. Oz. Imp

G Imp	L	G US	Fl Oz US	Fl. Oz Imp.
1	4.55	1.20	153.72	160
2	9.09	2.4	307.44	320
3	13.64	3.6	461.17	480
4	18.18	4.8	614.89	640
5	22.73	6	768.61	800

date

date

Commentaires

date

date

Commentaires

Index

A

Accouplement d'arbre 48
  inspection 48
Accouplement flexible 20
Accouplement souple 23
Alternateur 18
Ampérage de démarrage à froid 17
Ampérage de démarrage marin 17
Ampère-heure (AH) 189
Anodes
  anode d'hélice 19
  anode(s) - moteur 19
  anodes de coque 19
  inspection 44
  types d'anodes 19
Anti siphon 15
Arbre d'hélice 21
  inspection de l'arbre d'hélice 49
Autres équipements 28

B

Bague hydrolube 21, 51
  inspection 51
Batteries 17. voir Électricité
  vérifier le niveau d'électrolyte 154

C

Câblage et des Cosses 42
  inspection 42
Cartouches de filtre à air 16
CCA – Cold Cranking Amps 17
Chaise d'arbre 52
  inspection 52
Cheval-vapeur 192
  brake horse power 192
  puissance au frein 192
Colliers de serrage 41
  inspection 41
Coordonnées – Chantiers navals 8
Courroies
  inspection 45
  inspection de la tension 46
  inspection de tension (table) 49

D

Dampers d'accouplement 20
Durite
  inspecter d'un presse étoupe traditionnel 50
  inspection aussi des colliers de serrage 41
  protection contre les frottements 44

E

Échangeur 15
Échangeur de l'huile 14
Échappement
  colonne de gaz d'échappement 16
Électricité
  Ampère-heure (AH) 189
  Ampères de démarrage à froid (CCA) 189
  Capacité de réserve (RC) 189
  Loi de Georg Ohm 189
  Loi de James Watt 189
  Marine Cranking Amps (MCA) 189
Éolienne 17

F

Filtre
  entonnoir à filtre vii
Filtre à huile
  Couvrir le trou central 14
Filtres à fuel 12
  5 conceptions de filtres primaires 12
  filtre séparateur primaire 12
  filtre séparateur secondaire 12
  Vérifiez que l'ancien joint ai été retiré 154

G

Générateur 25

H

Hélices 22
  3 Types d'hélices 23
  cône d'axe d'hélice 22
  hélice à mise 23
  hélice fixe 23
  hélice repliable 23, 154
  inspection de l'hélice 52
  numéro d'hélice 23
  type d'hélice 22
Hors-bord 25
Huile moteur
  voir Lubrication
  diagnostic à la jauge 39

I

Inventaire du système diesel 9
Inverseur/ transmission 20
  diagnostic à la jauge 40
  position correcte pour le contrôle du niveau d'huile d'inverseur 41

J

Joint d'arbre d'hélice 50
  inspection 50
  joint d'arbre d'hélice à lèvre 21
  joint d'arbre d'hélice tournant 21
  presse étoupe traditionnel en bronze 21

L

Liquide de refroidissement
  inspection (table) 44
  système de refroidissement 15
  test du liquide de refroidissement 186
Liste des inspections 38
Liste des pièces de rechange 26
  matériel d'entretien moteur 26
  pieces moteur 26
Lubrification
  additifs pour huile moteur 13
  API/SAE « donut » 13
  diagnostic à la jauge - liquide de transmission automatique 40
  graisser les câbles de commande 14
  lubrification moteur 14

M

Manuels 27
Marine Cranking Amps (MCA) 189
Marine Diesel Basics 1
  critiques, Marine Diesel Basics 1 iii
Marine Diesel Basics 2 208
Micron 9

N

Nable de fuel – inspection 38
Newtonmètre 196

P

Panneaux solaires 17
Passe-coque
  pinoche en bois 14
Plaque d'entraînement 20
Pompe a eau de mer
  inspection 43
Pompe d'injection – type 12
Pompes à injection 154
Pompes de relevage 12
Position de l'inverseur en navigation 20
Poulies
  inspection 47
Presse étoupe traditionnel 50
  inspecter 50
Pression atmosphérique 193
Puissance au frein 192

R

Refroidisseur d'admission 16
Régulateur de charge 18
Résistance à la traction des boulons 201
  métrique 10.9 201
  SAE 8 - différents styles 201

S

Saildrive 24
  inspection de l'alarme du capteur d'eau 53
  inspection de la bague d'étanchéité 53
  joint étanche 53
Système de refroidissement 15

T

Taille en micron : Á quel point petit est petit ? 9
Tailles des trous de taraudage 198
Testeur de charge 34
Têtes de boulons – exemples 190
Têtes de vis – exemples 190
Turbine d'eau de mer 15
  extracteur de turbine 15
  inspection 43
Turbocompresseur 16

V

Vannes
  emplacement de toutes les vannes 9
  emplacement des vannes de carburant 11
  vannes – ouvrir - fermer - ouvrir 34
Ventilateur 16

W

Waterlock 16

Série sur les Marine Diesel Basics

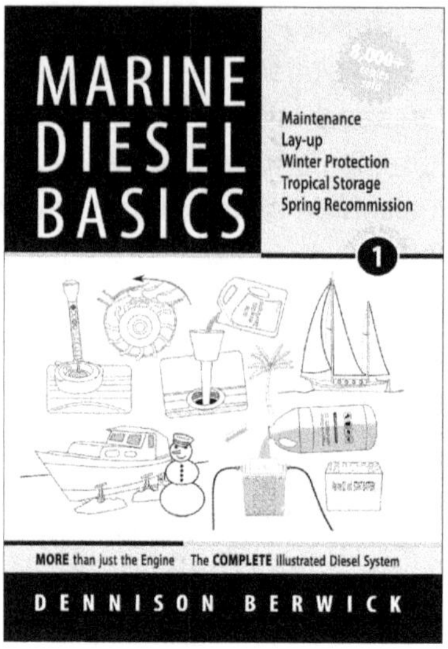

Marine Diesel Basics 1

- Entretien
- Désarmement
- Protection hivernale
- Stockage tropical
- Remise en service du printemps
- 350+ illustrations claire
- 212 pages
- 2ème édition
- livre de poche relié, livre broché couverture rigide, e-book, reliure spirale
- Disponible en anglais seulement – liste de traduction des mots technique disponible gratuitement sur notre site
- **9 000+ vendus**

«. . . Le meilleur guide sur le sujet que j'ai vu, ce livre a un place sur chaque bateau équipé d'un moteur diesel. »
– *Sail Magazine*

«. . . c'est une source de d'information essentielle pour quiconque débute sur les moteurs diesel en raison de ses illustrations claires. . . Je le recommande fortement. » – *Good Old Boat*

« "Le meilleur guide disponible. » – *Australian Sailing*

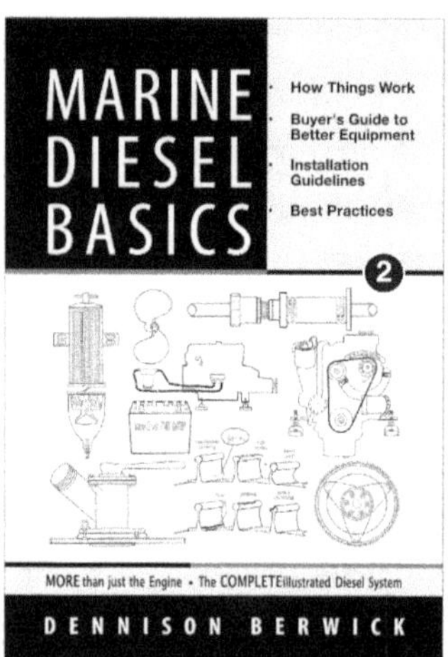

Marine Diesel Basics 2

- Comment les choses fonctionnent
- Guide de l'acheteur pour un meilleur équipement
- Directives d'installation
- Les bonnes habitudes a prendre
- 2000+ illustrations • 500 pages

Publication prochaine

www.marinedieselbasics.com

- 2500+ manuels gratuits
- listes de contrôle gratuites
- listes de traductions des mots commun gratuites

MDB Librairie

Manuels de moteur

www.ingramcontent.com/pod-product-compliance
Lightning Source LLC
LaVergne TN
LVHW062004041026
849558LV00006B/185